U0144722

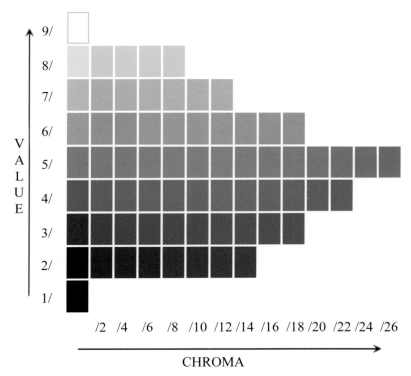

圖 4.2　以同色系表（5RP）為例的彩度表示

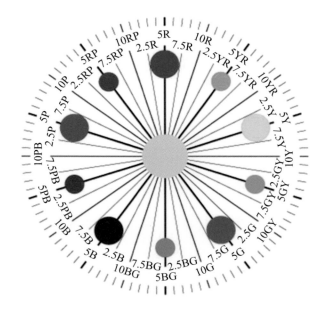

圖 4.3　Munsell（曼賽爾）色相環的水平色相分布圖

Chromaticity diagram to DIN 5033

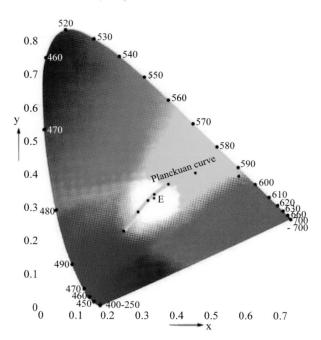

圖 4.5　色度圖之實際色彩呈現

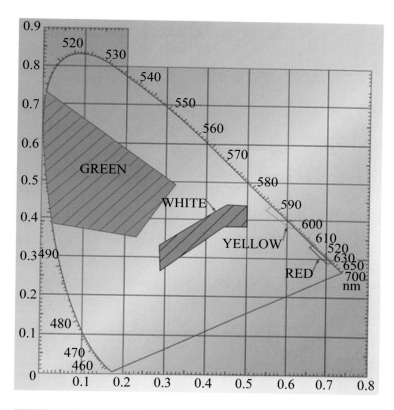

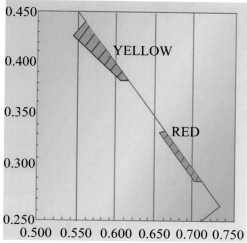

圖 4.6　公路用燈光號誌所使用發光二極體（LED）之光色範圍

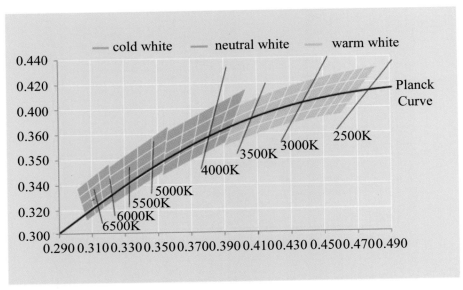

圖 4.7　LED 光源之工業製品色度表色範圍

建築
物理環境

Architecture
Physical
Environments

陳炯堯 —————— 著

五南圖書出版公司 印行

自　序

　　大師的建築設計作品常令人稱羨，在造型、比例、角度、高度等搭配，是否是個巧合呢？這個問題曾經是我人生最大的轉捩點。影響建築設計的三要素應該是構造、環境及創意。在大學建築教育的訓練過程是把三個要素如何的組合到合理。環境中有關照明、聲音與冷熱控制是決定環境舒適的主要項目。近年，經濟部考慮建築為工業生產的龍頭產業，並影響未來地球永續的發展，配合國際化產品製程標準，透過國際標準（ISO）的內涵，將國內建築相關法令訴諸於與這些標準結合在一起，努力不懈。也就是說未來的建築設計將結合這些新法令，進入一個瑣碎且凡事均有章法的程序。《建築物理環境》這一本書就是在將這些章法如最基礎的理論開始導入的的源頭。簡單的說，國際 ISO 標準將成為臺灣的建築工業與國際接軌的工具。而建築物理環境就是陳述這些標準的理論基礎介紹。當然，屬於建築類別的標準非常的多。例如，ISO140-3／內牆構件隔音等級實驗室測試法，它是陳述當建材施作選擇於需要具備隔音需求的牆體或窗材時，這些材料的隔音能力判斷法及材料隔音分級法等常識。建築師不但要能夠閱讀經過 ISO 標準鑑定後的材料性能，更進一步必須成為某些特殊建築之專業設計師，如醫院或集會堂等專業建築設計。本書是將建築隔音的基本評價始末由基礎理論到應用進行講解。當然，建築設計相關標準在分類上非常龐雜。在環境工程上，以聲、光、熱、氣與水為中心的五大領域，與國際標準的關連性複雜不在話下。本書將五

大領域由基礎到應用深入淺出，簡單扼要的介紹。

　　本人對於此書的期許是內容簡潔、正確。因為不論理論如何高深，介紹者必須竭盡全力讓理論能夠不論老幼都能了解與接受才是眞諦。願同業之先進或新學都願意提供意見給在下，作爲版本更新的催化劑。

目　錄

第一章　照明基礎

1.1 眼的構造

　　人眼構造如圖 1.1 所示，眼球（俗稱玻璃體）前後具有非常重要的感光器官；尤其在眼球後方。視神經的分布是在網膜中，受鞏膜的保護。它們是眼睛構造中的感光器，光線形成的強、弱刺激由網膜上的視神經，經過電訊解碼過程傳遞至大腦。而玻璃液前方則是人眼控制光進入多寡的調節器，這個器官包括調整焦距的水晶體與控制水晶體伸張的毛狀肌，在人以意志力控制時可讓眼睛充分的看清楚標的物。至於虹膜則是保護水晶體及顯現眼球顏色的器官；並形成瞳孔以控制光射入的量，以達到明暗適應的目的。

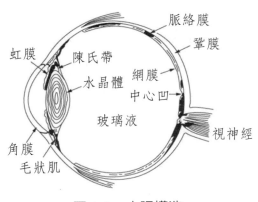

圖 1.1　人眼構造

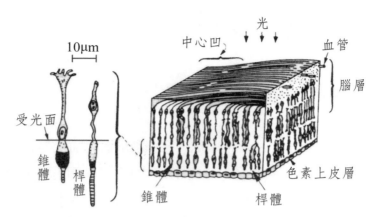

圖 1.2　視網膜上對於光刺激接受訊息的兩種重要視神經

1.2 視網膜

當光訊穿愈玻璃液落在網膜時，由分布於其上的兩種主要視神經來擔任不同的視覺功能。錐體細胞（cone）分布於中心凹附近（圖1.2），是正常光環境的受光體，負責白天視覺與色彩分辨等高層次視覺功能，桿體（rod）細胞則是負責夜間或光弱環境之視覺功能，較容易以黑、白差異辨識物體。兩者間相互補助形成眼睛的「明適應」與「暗適應」兩種特殊的視覺機能，適應不同照度強弱的視環境轉換。

1.3 比視感度

眼睛可準確控制光入射的強弱，以保護眼球的構造，且對不同色光具有不同的光感程度；即人眼對不同波長的光有著不同的亮度感覺，此稱作「比視感度（spectral luminous efficiency）」。如人眼一般

可見光為 400nm 至 700nm（奈米），分別感受到紅、橙、黃、綠、藍、靛、紫等的顏色。而感度最高落於黃與綠光之間的 550nm（暗處則為 512nm）。因此人眼具有不同光波長的固定接受頻帶。所以依照國際照明委員會（IEC）定義以人的接受可見光能量作為光強度的計量依據，就是按照光源可見光譜能量分布圖所代表的光通量（luminous flux）。其代表符號為 F，而單位為流明（lumen, lm）。因此雖具有相同瓦特數（watt）之 555nm 與 450nm 的光源，前者的光通量約為後者的 25 倍。

色感	紅	橙	黃	綠	藍	靛	紫
波長（nm）	700	607	570	521	480	440	400

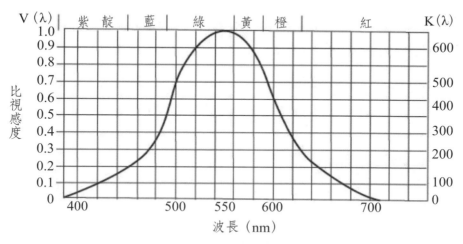

圖 1.3　比視感度與可視域之範圍

1.4 點光源之光源亮度

點光源之光源亮度的計量方式分爲指向性與非指向性兩種。指向性是指光源在某方向之單位立體角內所通過的光強度，稱爲光度（Luminous Intensity）。符號表示爲 I，單位爲燭光（cd）或 lm/ω。另一個爲非指向的光束（即光通量），它是將前述之光度利用積分原理得到的。

若：$F = 4\pi I$（$F = \int I d\omega, S = 4\pi r^2, r = 1, S = \omega$）

其中 $d\omega$：單位立體角，r：單位球半徑，S：單位球表面積

即光源用於產生可見光時的功率。

因此，燈泡的光通量只占輻射通量的約 1/10 能量。而單槍投影機的燈泡則約有 2000 lm 以上的亮度。

另外有個與光度類似的單位稱爲輝度（L），它是將光度除以一個球面積 S 得到的亮度。

$L = I/S$，S：光源面積

注意：以上三者專指光源本身的亮度而言。

1.5 被照亮度單位

照度（E：Illumination）是一個單純以被照面亮度形容光能量的敘述法。簡單的說就是被照體單位面積上所受之光速如下：

$$E = \frac{F}{A} = \frac{4\pi I}{4\pi r^2} = \frac{I}{r^2}$$（受照面是個球面）

其代表符號爲 E，單位爲 lm/m^2 或（*lux* or *lx*）。因此 $E = I/r^2$ 成爲照

度的一般通式。而被照面在入射方向不為垂直方向時產生角度上的偏差，稱為照度餘弦定理（cosine law）。

如圖 1.4，θ 角度為入射方向與被照面法線方向的夾角時，

$$E_\theta = \frac{F \cos\theta}{A} = E_n \cos\theta，（E_n：法線照度）。$$

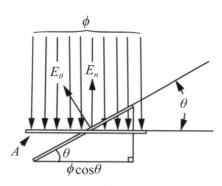

圖 1.4 照度餘弦定理

如表 1.1，各種光源照射於同一受照面所產生之水平照度值。人工光源產生之照度值遠低於自然光造成之照度可想而知。如表 1.2，當受照面之反射率較高時，還有另一個受照面反射光束的衡量單位稱為亮度（Brightness），單位為 lambert。較常用於研究受照面光之反射率。

表 1.1 晝光與人工光之照度比較

光　源	照度（lx）
太陽光（直射）	約 10 萬
陰天（薄雲）	3～7 萬
雨天	1～3 萬

光　源	照度（lx）
陰暗天（藍空光）	1～2 萬
月光（月圓）	約 0.2
星光	約 0.0003
燈光（辦公室）	500～1,000

表 1.2　光學名稱與關係式

	單位名稱	代表符號	關係式
光源側	光束（lm）	F	$F = 4\pi I$（點光源），$F = \pi^2 IL$（線光源）
	光度（cd）	I	$I = F/d\mathrm{w}$
	輝度（nit）	L	$L = I/S$（指光源面）
被照側	照度（lux）	E	$E = F/A, E = I/r^2$
	亮度（lambert）	B	$B = F_r/A$（反射之光束）

　　根據光源與受照面之入射方向，照度可分為法線照度（E_n），水平面照度（E_1）及垂直面照度（E_v）三種稱呼方式（圖 1.5）。

【例題】

光度為 40 燭光之光源，垂直照射於距離 2 公尺處，面積為 100 平方公分之紙面上，求該紙面上所受之光束為若干？

解：$F = E \cdot A = (I / r^2) \cdot 100 = [40/(200)^2] \cdot 100 = 0.1 \; lm$（流明）

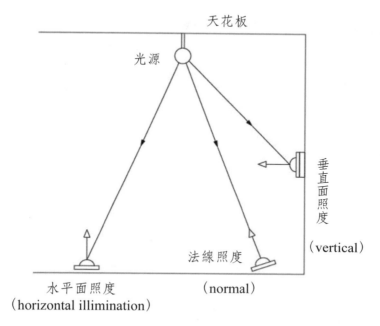

天花板

光源

垂直面照度

（vertical）

法線照度

水平面照度
（horizontal illimination）

（normal）

圖 1.5　照度依不同入射方向，具不同稱謂

第二章　配光曲線

2.1 何謂配光曲線

　　本單元將敘述在建築照明設計時，由於使用光源並非理想中的點光源，或在特殊發光特性上加上燈罩與特殊反光素材；因此，點光源將進化為各種型式的發光結構，並具有特別的發光方向性。照明燈具的製造商為了讓照明設計師清楚使用燈具的正確發光方向與各方向發光強度，於是將燈具在發光體周圍的所有角度上的光度，以曲線繪製在燈具的配光曲線圖中。如圖 2.1，這是一具編號為 FL-40WX2 的雙燈管日光燈具在縱向、橫向及 45° 方向上的光度分布曲線圖，即其配光曲線圖（luminous intensity distribution curve）。

　　透過配光曲線儀（gonio-photometer），對各種照明燈具的光分布特性來作比較，這時為避免光源發色標準不一致，統一規定以光通量為 1000 流明的假想光源來提供燈具的強度分布數據。所以實際光度應當是測光儀資料提供的光度值乘以光源實際光通量流明數與 1000 流明之比值。故配光曲線圖上的單位記為 cd/1000 lm。如圖 2.2 顯示，在一般燈具製造商的出廠資料中經常可見的配光曲線圖的例子。

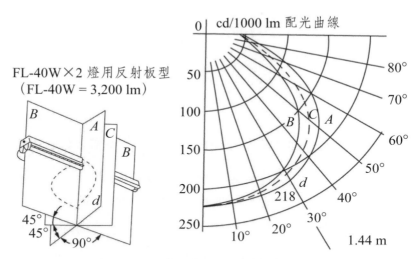

FL-40W×2 燈用反射板型
（FL-40W = 3,200 lm）

cd/1000 lm 配光曲線

圖 2.1　編號為 FL-40WX2 的雙燈管日光燈具在縱向、橫向及 45° 方向上的光度分布曲線圖

高天花板型：

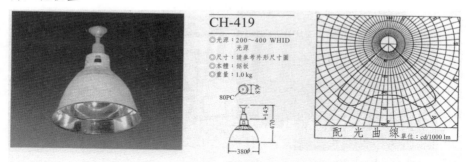

CH-419

◎光源：200～400 WHID 光源
◎尺寸：請參考外形尺寸圖
◎本體：鋁板
◎重量：1.0 kg

配 光 曲 線　單位：cd/1000 lm

型式 CH-419
光源 M400×1 器具效率 82.9%

直射水平面照度

天花板		75%			50%			30%	
壁	50%	30%	10%	50%	30%	10%	30%	10%
地面				20%				
室指數			照　　明　　率					(×0.01)
0.6	36	30	25	36	30	25	29	25
0.8	46	40	36	45	39	35	39	35
1.0	50	45	41	49	45	41	44	41
1.25	54	49	45	53	49	45	47	45
1.5	57	52	48	56	51	48	51	48
2.0	62	58	54	61	57	54	56	54
2.5	67	63	60	65	63	60	62	60
3.0	70	66	63	68	65	63	64	62
4.0	73	70	68	71	69	67	68	66
5.0	75	72	70	74	70	69	70	68

最大裝置間隔：1.67H

鈉氣燈：

CHB-2503

◎光源：鈉光燈 150～400W
◎尺寸：長 730　寬 420　高 200
◎本體：不鏽鋼銀灰色烤漆
◎燈罩：耐熱硬質玻璃
◎重量：250 kg
◎燈罩：耐熱強化玻璃
4-10×30 長孔

鈉光燈泡

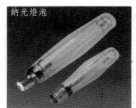

天花板	75%			50%			30%	
壁	50%	30%	10%	50%	30%	10%	30%	10%
地面	20%							
室指數	照　　明　　率							(×0.01)
0.6	26	21	18	25	21	18	21	18
0.8	33	28	25	32	28	25	28	25
1.0	36	32	29	35	32	28	31	29
1.25	39	35	32	38	35	32	34	32
1.5	41	37	34	40	37	34	36	34
2.0	44	42	39	44	41	39	40	39
2.5	48	46	43	47	45	43	44	43
3.0	50	47	45	49	46	45	46	44
4.0	52	50	49	51	49	48	49	47
5.0	54	52	50	53	50	49	50	49

型式 CHB-2503　光源 LU400　器具效率 59.3

直射照度曲線圖

圖 2.2　廠房常見之水銀燈具與戶外型鈉氣燈之配光曲線圖例

【例題 1】

設有一 100 W 白熾燈泡，光束為 $F = 1600$ lm 其配光曲線如右圖，求燈泡垂直下方 1 m 及 2 m 處之照度為何？

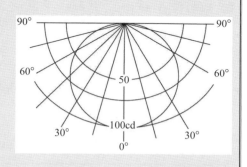

解：(1) 光度：$I = 100 \cdot (1600/1000) = 160$ cd

(2) 照度：

$E_1 = I/r^2 = 160/1^2 = 160$ lux

$E_2 = 160/2^2 = 40$ lux

【例題 2】

接上題，求在光源垂直下方 1.5 m，水平右移 2.6 m 之 P 點之水平照度若干？

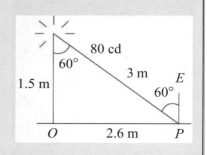

解：(1) $I = 50 \cdot (1600/1000) = 80$ cd

(2) $E_h = (I / r^2) \cdot \cos\theta$

$\quad = (80/3^2) \cdot \cos60° = 4.4$ lux

【例題 3】

設 有 一 點 光 源 其 光 束 為 F = 20000 lm，其配光曲線如右圖，與作業面相距 7 公尺，求正下方作業面之水平照度為何？

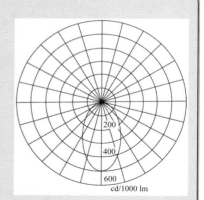

解：(1) 圖上讀得正下方作業面之光度為 500cd/1000 lm

(2) 計算實際光度

$\quad I_0 = 500 \cdot (20000/1000) = 10000$ cd

(3) 水平照度

$\quad E_h = I_0 / h^2 = 10000/7^2 = 204$ lux

【例題 4】

如右圖求 P 點之水平照度？

解：(1) $\tan\theta = 5/6 = 0.833$

$\tan\theta^{-1} = 39.8°$

$l^2 = 6^2 + 5^2 = 61$

(2) $E_h = (I_0/l^2) \cdot \cos 39.8° = (10000/61) \cdot$

0.768

$\fallingdotseq 126$ lux

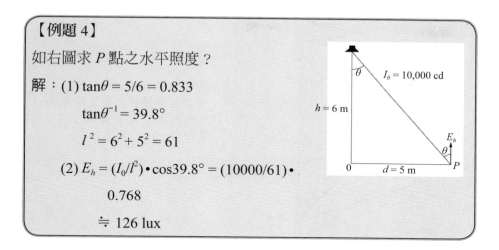

2.2 線光源之水平照度

　　線光源之水平照度計算是發展自點光源水平照度的理論推展，將線光源視爲點光源在直線上的積分值對平面上某點 P 形成之照度（圖 2.3）。即在均勻擴散之線光源下，透過垂直方向單位長之光度與光束關係 $F = \pi^2 I_0 L$（各參數代表如下）計算平面上 P 點之水平照度 E_h 如下：

$$E_n = \int_0^L \frac{dI_\phi}{r^2} \times \sin\phi = \int_0^L \frac{I_0 \cdot \sin^2\phi}{r^2}dx = \int_0^L \frac{I_0 l^2}{(x^2+l^2)^2}dx$$

$$= \frac{I_0}{2}\left(\int_0^L \frac{l^2-x^2}{(x^2+l^2)^2}dx + \int_0^L \frac{l^2+x^2}{(x^2+l^2)^2}dx \right)$$

$$= \frac{I_0}{2}\left(\int_0^L \frac{l^2-x^2}{(x^2+l^2)^2}dx + \int_0^L \frac{1}{(x^2+l^2)}dx \right)$$

$$= \frac{I_0}{2}\left(\frac{x}{x^2+l^2} + \frac{1}{l}\tan^{-1}\left(\frac{x}{l}\right) \right)\Big|_0^L$$

$$= \frac{I_0}{2}\left(\frac{L}{L^2+l^2} + \frac{1}{l}\tan^{-1}\left(\frac{L}{l}\right) \right)$$

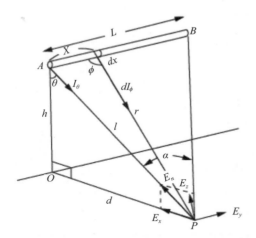

L：燈管之長度（m）
h：燈管與作業面之垂直距離（m）
l：作業面上一點 P 與燈管之
　距離（m）

圖 2.3　線光源 L 形成平面上點 P 之水平照度 E_h（E_z）

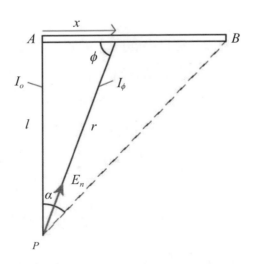

圖 2.4　燈管上任一點對桌上 P 點上之法線照度 E_n

於是將上式之演算結果以線形係數 K_n 簡化算式，並將其繪製成
圖 2.5，利用（I_0 / l）之關係

$$E_n = \frac{I_0}{2}\left[\frac{L}{L^2 + l^2} + \frac{1}{l}\tan^{-1}(\frac{L}{l})\right] = K_n \cdot \frac{I_0}{l}$$

$$E_h = E_n \cos\theta = K_n \cdot \frac{hI_0}{l^2}$$

便可計算得所需之法線照度 E_n。若再以照度餘弦定理修正該測點與線光源在幾何間的關係後，便可計算得到該測點 P 的水平照度 E_h。

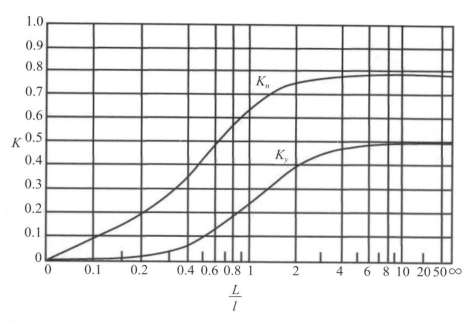

圖 2.5　線光源之水平照度計算時以（L/l）之關係便可查得線形係數 K_n 之數據

　　圖 2.5 中（L/l）之內容為線光源之發光有效長度 L 與線光源至 P 點之直線距離 l，而有效長度 L 之求法如圖 2.6 所示，左圖之水平照度 $E_z = E_{z1} - E_{z2}$，右圖情況則為 $E_z = E_{z1} + E_{z2}$

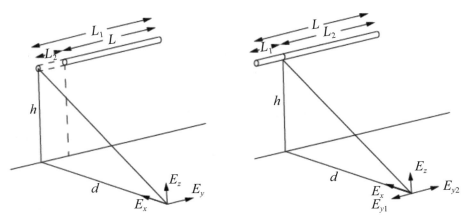

圖 2.6 　線光源之發光有效長度 L 與線光源至 P 點之直線距離 l 之兩種配置情況的計算條件來計算發光有效長度 L 之水平照度 E_h

【例題 5】

設有一 40 W 燈管，其長度 $L = 1.2$ m，光束為 3000 流明，如下圖所示，求 P 點的水平照度 E_h。

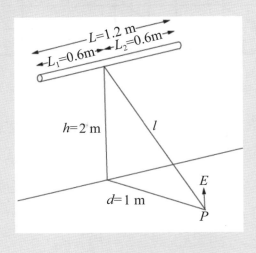

解：此燈具之單位長之光度爲：

$$I_0 = \frac{F}{\pi^2 L} = \frac{3000}{9.86 \times 1.2} \cong 253.5 \,(\text{cd} / \text{m})$$

$$l = \sqrt{1^2 + 2^2} = \sqrt{5} \cong 2.236$$

$$L_1 / l = 0.6 / 2.236 = 0.268$$

$$\therefore K_n = 0.255$$

由圖 2.5 查得

$$E_h = 2E_1 = 2K_n \cdot \frac{hI_0}{l^2}$$

$$= 2 \times 0.255 \times \frac{2 \times 253.5}{5}$$

$$\cong 51.7 \; lx$$

【例題 6】

如右圖，設直線光源之單位長光度 $I_0 = 300$ cd/m，試求點 P 之水平面照度。

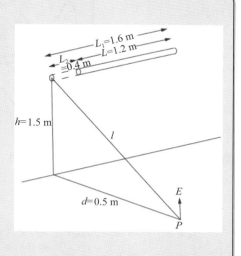

解：$l = \sqrt{(1.5)^2 + (0.5)^2} = 1.58 \; m$

$$L_1 / l = 1.6 / 1.58 = 1.01$$

$$\therefore K_{n1} = 0.65$$

$$L_2 / l = 0.4 / 1.58 = 0.253$$

$$\therefore K_{n2} = 0.24$$

$$E_h = E_1 - E_2 = (K_{n1} - K_{n2}) \frac{hI_0}{l^2}$$

$$= (0.65 - 0.24) \times \frac{1.5 \times 300}{2.5} = 73.8 \; lx$$

2.3 面光源之水平照度

面光源之水平照度之計算理論，乃直接導源自晝光直接投射率之有效開窗之性狀。如圖 2.7，在地面測點 P 上接受面光源 S 在入射單位立體角 $d\omega$ 中接受光度 $dI(\theta)$ 時，以積分概念將這個對應於 $d\omega$ 之面積 dS 的面積總合 S 全部加總後，可得到在 P 上接受的法線照度 E_d。

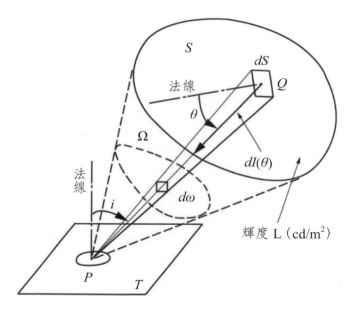

圖 2.7　面光源 S 在入射單位立體角 $d\omega$ 中對地面測點 P 上接受的法線照度 E_d 之關係

在此利用輝度之定義：輝度（L）＝ 光源單位面積在法線方向所具有之光度，如下：

$$dI = L\, dS$$

$$E = I / r^2$$

$$dE_d = \frac{dI(\theta)\cos i}{r^2},\ dI(\theta) = L\cos\theta dS$$

$$dE_d = \frac{L\cos\theta\cos i}{r^2}dS$$

$$E_d = L\int_S \frac{\cos\theta\cos i}{r^2}dS$$

$$E_d = \pi L\int_S \frac{\cos\theta\cos i}{\pi r^2}dS$$

$$U = \int_S \frac{\cos\theta\cos i}{\pi r^2}dS$$

$$E_d = \pi L U$$

其中，dE_d 指地面測點 P 來自面光源 S 之各點光源集合中一小部分之法線照度。

演練

計算題

2-1　今有一光束爲 3200（1m）之點光源，其配光曲線如下（cd/1000 lm），試求在此燈泡垂直下方 2 m 處之水平面照度爲何？

2-2　接下來，根據下頁左圖，試求點光源下方 2 m，再水平右移 2 m 處之水平面照度若干 lux？

2-3　某一長 1.2 m 之 40 W，3600 lm 之日光燈，懸置於離地面高 3 m 之位置上，試求下頁右圖之 A 點地板面之水平面照度爲何？（請

參照 L / l 值表作答）

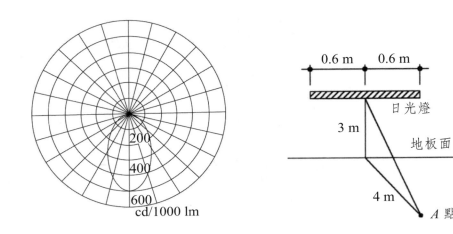

選擇題

2-4　（　）有關比視感度之解釋下列何者有誤？　(A) 肉眼以 550 m
色光波長最爲醒目　(B) 它是光通量的定義由來　(C) 是指
肉眼對於光的顏色依據光之波長而有變化　(D) 肉眼可見
光的吸收總光能。

2-5　（　）明亮的感覺是由輝度決定，而作業時所必須的明亮度由照
度來決定，則下列何者正確？　(A) 明度愈大、照度愈大、
輝度愈大　(B) 明度愈大、照度愈大、輝度愈小　(C) 明度
愈大、照度愈小、輝度愈大　(D) 明度愈大、照度愈小、
輝度愈小。　　　　　　　　　　　　　　　　　（98 年）

2-6　（　）以光通量法（光束法）求作業面之平均照度，所需之因子
與下列何者無關？　(A) 燈具位置　(B) 光源之光通量
(C) 燈具與作業面之距離　(D) 燈具之數量。　　（100 年）

2-7 （ ） 有關光環境之相關內容敘述，下列何者錯誤？ (A) 人眼可視光之波長範圍在 380 nm 至 780 nm (B) 照度代表單位面積所通過之光度 (C) 光通量之單位為流明（lm） (D) 發光強度的單位為燭光（cd）。 （100 年）

2-8 （ ） 下列有關光之名詞，何者與受照面之物性有關？ (A) 亮度 (B) 照度 (C) 光度 (D) 光束。 （101 年）

2-9 （ ） 下列何者與視覺角度有關？ (A) 光束（光通量，單位：lm） (B) 照度（單位：lx） (C) 光度（單位：cd） (D) 輝度（亮度，單位：cd/m^2）。 （102 年）

2-10 （ ） 建築照明計算時，點光源在某平面上固定點之直射水平面照度計算，下列參數何者不需要？ (A) 光源在入射角方向之光度 (B) 光源至該計算點之距離 (C) 光源之入射角 (D) 光源之發散度。 （103 年）

2-11 （ ） 有關光環境之敘述，下列何者錯誤？ (A) 室形屬於寬、廣者，應採用中、寬配光曲線之燈具較為適宜 (B) 色溫度在 3000 K 以下時光色有偏紅的現象，色溫度超過 5000 K 時顏色則偏向藍光 (C) 人眼的感光度在暗時會變高稱為明順應；在明亮時會變低稱為暗順應 (D) 明視之條件是亮度、對比、大小、視物時間等四項。 （103 年）

2-12 （ ） 有關配光曲線圖之敘述，下列何者錯誤？ (A) 燈具光度需依角度查核 (B) 光度必須以光通量除以 1000 cd 作為單位 (C) 配光曲線儀是以 1000 cd 作為標準光源比較來繪製 (D) 配光曲線以垂直正下方之光度最大。

第三章　空間照明設計

3.1 照明率

　　照明率（coefficient of utilization）是指光到達作業面之光束對光源輸出光束之比率，如表 3.1 所示，照明率受室內各面建材之光的反射率及空間尺度的室指數影響。照明率 U = 到達作業面之光束／光源輸出總光束〔反射率（r）= 反射光束／入射光束〕。而維護率（M，maintenance factor）= 維持原來平均照度的程度 ≒ 0.6～0.8；室指數（RI，room index）=（長・寬）／（長＋寬）・（作業面與光源垂直距離）。因此，室指數愈大則表示空間面積寬廣；室指數小表示空間室形狹窄又高。

　　光之反射率（r）是指室內之天花板、牆壁依裝飾建材之不同，表現的光反射率差異（表 3.2）。

3.2 空間平均照度

　　燈具均布時，空間之平均照度可以為燈具數（N）・全光束（F）・照明率（U）・　維護率（M）除以受照面積（或分布面積 A），即

$$E = \frac{NFUM}{A}$$

表 3.1　光源維護率、室指數及照明率對照表的例子

照明器具	器具效率	維護率	最大燈間隔
8. 高天花板用反射型磁鄉加工照明器具 P₂廣 (HF400X)	68%	良 .65　中 .60　否 .55	1.4H

照明率

天花板	70%						50%						30%					
壁	50%		30%		10%		50%		30%		10%		50%		30%		10%	
地面	30%	10%	30%	10%	30%	10%	30%	10%	30%	10%	30%	10%	30%	10%	30%	10%	30%	10%
室指數																		
0.60	.31	.30	.26	.25	.22	.21	.30	.29	.25	.25	.22	.21	.29	.28	.25	.24	.21	.21
0.80	.39	.37	.33	.32	.29	.28	.38	.36	.32	.31	.29	.28	.36	.35	.32	.31	.28	.28
1.00	.46	.41	.40	.38	.35	.34	.44	.42	.39	.37	.35	.34	.42	.41	.38	.37	.34	.34
1.25	.51	.48	.46	.43	.41	.39	.49	.46	.44	.42	.40	.39	.47	.45	.43	.42	.40	.39
1.50	.56	.51	.50	.47	.46	.44	.53	.50	.49	.46	.45	.43	.51	.49	.47	.46	.44	.43
2.00	.62	.57	.57	.54	.53	.50	.59	.55	.55	.52	.51	.49	.57	.54	.53	.51	.50	.49
2.50	.66	.60	.62	.59	.58	.54	.61	.58	.59	.55	.56	.53	.60	.57	.57	.54	.54	.52
3.00	.69	.62	.65	.62	.62	.57	.66	.60	.62	.58	.59	.56	.62	.59	.60	.57	.57	.55
4.00	.71	.65	.70	.64	.67	.60	.69	.63	.66	.61	.64	.59	.65	.62	.63	.60	.61	.59
5.00	.76	.66	.73	.67	.70	.63	.71	.65	.69	.63	.67	.62	.67	.63	.65	.62	.63	.61
10.00	.81	.70	.79	.69	.77	.68	.75	.68	.74	.67	.73	.66	.71	.67	.70	.66	.69	.65

表 3.2　建材之光反射率表

一	反射率			
	70% 以上	50% 以上	30% 以上	30% 以下
金屬	銀（磨）鋁（電解研磨）	金、不鏽鋼板、鋼板、銅	鍍鋅鐵板	一
石材壁材	石膏、白磁地磚、白牆壁	淡色壁、大理石、淡色磁磚、白色平面	花崗岩、石綿浪板、砂壁	紅磚、水泥
木材	一	表面透明漆處理之檜木	杉木板、三合板	一
紙	白色紙類	淡色壁紙	新聞紙	描圖紙
布	一	白色木棉	淡色窗簾	深色窗簾
玻璃	鏡面玻璃	濃乳白琺瑯	壓花玻璃	透明玻璃、消光玻璃
油漆	白色油漆、透明漆	白色琺瑯、淡色油漆	淡色油漆（濃度較濃）	濃色油漆
地面材料	一	淡色磁磚	榻榻米	深色磁磚
地表面	一	一	混凝土	混凝土、舖石、小圓石、泥土

註：當壁面有窗戶設施時，反射率的決定方式，窗戶因玻璃材料之不同（透明、乳白）反射率之變化也不同，另外，窗戶之採光型式及占有面積也是必須注意的事項。

【例題 1】

辦公室長寬均 12 m，天花板高 2.5 m（作業面高 0.85 m），天花板反射率 60%，壁面與地板之反射率為 40% 與 20%，若使用 40 W 之雙燈管燈具 32 具，單管光束 3000 lm，器具維護率 $M = 0.7$，試

求其平均水平照度？

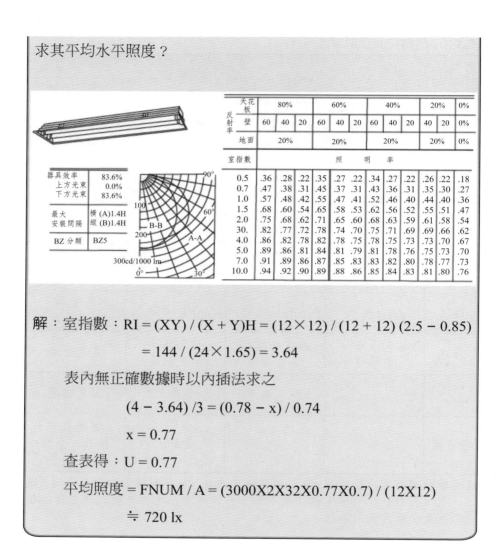

天花板	80%			60%			40%			20%		0%
壁	60	40	20	60	40	20	60	40	20	40	20	0%
地面	20%			20%			20%			20%		0%
室指數	照 明 率											
0.5	.36	.28	.22	.35	.27	.22	.34	.27	.22	.26	.22	.18
0.7	.47	.38	.31	.45	.37	.31	.43	.36	.31	.35	.30	.27
1.0	.57	.48	.42	.55	.47	.41	.52	.46	.40	.44	.40	.36
1.5	.68	.60	.54	.65	.58	.53	.62	.56	.52	.55	.51	.47
2.0	.75	.68	.62	.71	.65	.60	.68	.63	.59	.61	.58	.54
30.	.82	.77	.72	.78	.74	.70	.75	.71	.69	.69	.66	.62
4.0	.86	.82	.78	.82	.78	.75	.78	.75	.73	.73	.70	.67
5.0	.89	.86	.81	.84	.81	.79	.81	.78	.76	.75	.73	.70
7.0	.91	.89	.86	.87	.85	.83	.83	.82	.80	.78	.77	.73
10.0	.94	.92	.90	.89	.88	.86	.85	.84	.83	.81	.80	.76

器具效率 83.6%
上方光束 0.0%
下方光束 83.6%

最大安裝間隔 橫(A)1.4H 縱(B)1.4H

BZ分類 BZ5

解：室指數：$RI = (XY)/(X+Y)H = (12 \times 12)/(12+12)(2.5-0.85)$

$= 144/(24 \times 1.65) = 3.64$

表內無正確數據時以內插法求之

$(4 - 3.64)/3 = (0.78 - x)/0.74$

$x = 0.77$

查表得：$U = 0.77$

平均照度 $= FNUM/A = (3000 \times 2 \times 32 \times 0.77 \times 0.7)/(12 \times 12)$

$\fallingdotseq 720$ lx

　　本計算結果可以對應到圖 3.2，由此圖可充分證明平均照度公式的可靠性，這結果只有在牆腳處處於 400 lx 的低亮度外，依垂直上方配置燈具多寡照度有少許差異外，其平均值是與公式的預測結果相符。另外如表 3.3，以幾個極端數據顯示這個比較。以及依據面積與平均各測點平均值顯示為 731 lx，此與預測值差異只有 1.5%。

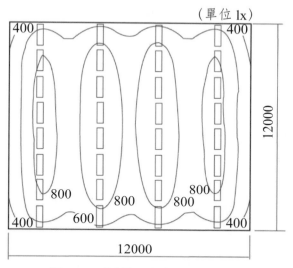

（單位 lx）

圖 3.2　例題 1 中之照度實測值

表 3.3　例題 1 中公式的預測值與此量測數據的比較

燈管	FLR40S・W/M
全光束	6000 lm
維護率	0.7
燈具高度	1.65 m
燈具臺數	32 臺

反射板
天花板 60%
壁　面 40%
地　面 20%

平均照度	731 lx
最大照度	940 lx
最小照度	284 lx
1/G1（平均／最小）	2.6
1/G2（平均／最小）	3.3

【例題 2】

同上題，若改以下列燈具，且壁面反射率由 40% 降至 20% 時，試求其平均水平照度？

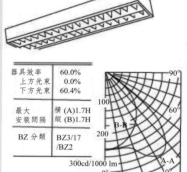

天花板	80%			60%			40%			20%		0%
壁	60	40	20	60	40	20	60	40	20	40	20	0%
地面	20%			20%			20%			20%		0%
室指數	照			明			率					
0.5	.31	.25	.22	.30	.25	.22	.29	.25	.22	.24	.21	.19
0.7	.40	.34	.31	.39	.34	.30	.37	.33	.30	.33	.30	.27
1.0	.48	.43	.39	.46	.42	.39	.45	.41	.38	.40	.38	.35
1.5	.55	.51	.47	.53	.49	.47	.51	.48	.46	.47	.45	.43
2.0	.59	.55	.52	.57	.54	.51	.55	.52	.50	.51	.49	.47
30.	.63	.60	.58	.60	.58	.56	.58	.56	.54	.54	.53	.51
4.0	.65	.63	.61	.62	.60	.59	.60	.58	.57	.56	.55	.53
5.0	.66	.64	.63	.63	.62	.60	.61	.60	.58	.58	.57	.54
7.0	.68	.66	.65	.65	.64	.63	.62	.61	.60	.59	.58	.56
10.0	.69	.68	.67	.66	.65	.64	.63	.62	.62	.60	.60	.57

器具效率 60.0%
上方光束 0.0%
下方光束 60.4%

最大安裝間隔 橫(A)1.7H 縱(B)1.7H

BZ 分類 BZ3/17 /BZ2

300cd/1000 lm

解： 室指數：$RI = (XY) / (X + Y)H = (12 \times 12) / (12 + 12) \cdot (2.5 - 0.85)$

$$= 144 / (24 \times 1.65) = 3.64$$

查表得：$U = 0.59$

平均照度 $= FNUM / A = (3000 \times 2 \times 32 \times 0.59 \times 0.7) / (12 \times 12)$

$$\fallingdotseq 550 \text{ lx}$$

維持本預測方法的準確性必須遵守如圖 3.3 所示之燈具配置方式。

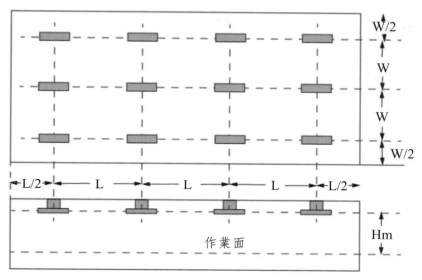

圖 3.3　平均照度實測暨燈具配置方式

【例題 3】

教室長寬 9×6 m，天花板高 3.45 m（桌面高 0.75 m），天花板反射率 70%，壁面與地板之反射率為 50% 與 10%，若使用 40 W 之雙燈管燈具 8 具，單管光束 2100 lm，器具維護率 M = 0.75，試求其平均水平照度？

解：$RI = \dfrac{xy}{(x+y) \cdot H} = \dfrac{9 \times 6}{(9+6)(3.45-0.75)}$

$\cong 1.33$

$\dfrac{0.59-0.56}{0.59-U} = \dfrac{1.5-1.25}{1.5-1.33}, \quad U = 0.5696$

$E = \dfrac{NFUM}{A} = \dfrac{8 \times 4200 \times 0.5696 \times 0.75}{9 \times 6}$

$= 265.81 \, lx$

室指數	70/50/10
0.80	0.35
0.80	0.44
1.00	0.49
1.25	0.56
1.50	0.59
2.00	0.66
2.50	0.70
3.00	0.73
4.00	0.77
5.00	0.79
10.00	0.84
FL40SW*2	

表 3.4　各種室內空間最低（或最適）照度值

照度 lux	場所（室內）		作業
1500		製圖教室	精密製圖，精密實驗
1000			
750		縫紉教室	縫紉，打鍵工作，圖書閱覽，精密工作，工藝美術製作
500	教室，實驗室，實習工廠，研究室，圖書閱覽室，書庫		
300	辦公室，教職員休息室，會議室，保健室，餐廳，廚房，配膳室	電腦教室	黑板書寫，天秤計量
200	廣播室，印刷室，總機室，守衛室，室內運動場	大教室，禮堂，貯櫃室，休息室，樓梯間，走廊，電梯走道，廁所，值班室，工友室，天橋	
150			
100			
75			
50	倉庫，車庫		
30	安全梯		

演練

計算題

3-1　計算一教室（12×9 m）之桌面高度 0.5 m，室內高度 4.5 m，其平均照度若干？其燈具類型爲嵌入式雙管螢光燈，各燈管具 2000（lm）之光束，燈具數爲 16；室內表面之「面反射比」分別爲：天花板 0.7，牆面 0.5，地面 0.1；室內燈其維護率 0.7。（燈具照明率請參照明表）

天花板	70%						50%						30%					
壁	50%		30%		10%		50%		30%		10%		50%		30%		10%	
地面	30%	10%	30%	10%	30%	10%	30%	10%	30%	10%	30%	10%	30%	10%	30%	10%	30%	10%
室指數	照　明　率																	
0.60	.40	.38	.33	.32	.28	.27	.38	.37	.32	.31	.28	.27	.37	.36	.31	.31	.27	.27
0.80	.50	.47	.43	.41	.37	.36	.48	.46	.42	.41	.37	.36	.47	.45	.41	.40	.37	.36
1.00	.57	.53	.49	.47	.44	.42	.54	.52	.48	.46	.43	.42	.52	.50	.47	.46	.42	.42
1.25	.64	.59	.56	.53	.51	.49	.61	.58	.55	.53	.50	.48	.59	.56	.53	.52	.49	.48
1.50	.69	.63	.62	.58	.56	.53	.66	.62	.60	.57	.55	.53	.63	.60	.58	.56	.54	.52
2.00	.77	.70	.71	.65	.65	.61	.73	.68	.68	.64	.63	.61	.70	.67	.65	.63	.62	.60
2.50	.82	.74	.76	.69	.71	.66	.78	.72	.73	.68	.67	.65	.74	.70	.70	.67	.67	.64
3.00	.86	.76	.80	.73	.76	.70	.81	.75	.77	.71	.73	.69	.77	.73	.73	.70	.70	.68
4.00	.91	.80	.86	.77	.82	.74	.85	.78	.82	.76	.79	.73	.81	.76	.78	.74	.75	.72
5.00	.94	.82	.90	.80	.86	.77	.88	.80	.85	.78	.82	.76	.83	.76	.81	.77	.79	.75
10.00	1.00	.87	.98	.85	.96	.84	.94	.85	.92	.84	.90	.82	.88	.83	.87	.87	.85	.81

選擇題

3-2　(　)　計算一教室面積 A 之桌面的平均照度時，其燈具類型爲嵌入式雙管螢光燈，各燈管具 F 之光束，燈具數爲 N；室內表面之室指數爲 U；室內燈其維護率 M。其平均照度約爲若干？　(A) NFU/MA　(B) NFUM/A　(C) NFUM*A

(D) 2NFUM/A。

3-3 （　）學校普通教室之室內平均照度，下列何者最適當？
(A) 500 lux　(B) 200 lux　(C) 1500 lux　(D) 2000 lux。

（97 年）

2-4 （　）有關辦公空間平均照度法計算的敘述，下列何者錯誤？
(A) 照明率（U）定義為到達地面之光束與光源輸出總光
束之比率　(B) 維護率指維持新設置時之燈具平均照度的
百分比　(C) 室指數決定於空間之幾何特性　(D) 照明率
（U）與空間各部之表面光反射率有關。　　　（102 年）

3-5 （　）辦公室長 9 m 寬 6 m，天花板高 3.45 m（桌面高 0.75 m），
若使用 40 W 之雙燈管燈具 8 具，單管光束 2100 lm，器具
維護率 0.75，照明率 0.57，利用平均照度法所求得桌面之
平均水平照度約是多少？　(A) 500 lx　(B) 420 lx　(C) 350
lx　(D) 270 lx。　　　（103 年）

3.3 照明心理學

在這個單元裡我們要陳述室內照明設計的幾個與人的心理感受非
常重要的設計重點。首先是各種場合的設計照度基準問題。如會議室
應重視開會人員臉部的最低照度，約在 200～300 lux 左右；球場轉播
球員臉部則約需 100 lux 左右。在此我們介紹一般燈具的發光特性來
與太陽光比較。其次包括明暗對比（即均齊度），如辦公室其作業面
與臨界處（如桌緣外）的明暗對比不應該過大，如小於 3：1 的比值
等；其次是色溫度，它代表暖色系與寒色系的燈色；演色性評價指數

（color rendering index, CRI）則是指被照物顏色之真實度。如住宅及展示館的平均演色評價指數（general color rendering index, Ra）值應大於 Ra85。最後我們提到眩光控制等瑣碎的設計問題。

色溫度乃憑藉「標準黑體（black body radiator）」受熱由深紅到藍的顏色來比對加熱溫度（K）而制定，標準黑體之溫度愈高，其輻射出之光線光譜中藍色成分愈多，紅色成分也就相對的愈少。因此，晴空的深藍色是擁有較高的色溫度，如表 3.5 所示，色溫由深藍的晴空到日落的火紅天空，由高色溫到低色溫並與常見的燈具一起作比較。

接下來是平均演色性評價指數（Ra）值，如前述定義可以將各種燈具的演色能力排列如表 3.6。另外，常見場所之照明演色要求排列如表 3.7。這裡要特別強調如美術館及博物館是最重視演色性演色能力的。

綜合上述兩者必須補充幾點：

1. 白色燈泡光譜中缺乏藍光。

2. 水銀燈缺乏紅光。

3. 即使光源的光譜分布接近太陽，若被照體照度小於 1000 lx，亦難顯現正確演色。

4. 商店或美術館禁用含紫外線光譜，以避免褪色。

也因為上述幾種人眼的心理反應，我們必須在照度與空間特性與空間要求上作詳細的分析與檢討來設計。這個與節能省電有非常緊密的關係。因此在光源的燈具效率議題上，我們補充表 3.8 來表明常見燈具的發光能力與電力的耗費之間的大小關係排列。

最後我們談到眩光這個議題，眩光意指當你面對眼前的對象物時，有不利的光線干擾造成視網膜上的結像不清。這是一般對於眩光

表 3.5　照明與天空之色溫度比較

自然光	色溫度（K）	光源
	冷色 12000	
晴天藍天空 12000		
陰天之天空 7000	7000	
中午之北窗光 6500	冷色	6500 日光燈晝光色（D）系
	6000	
5250	冷色	5500 複金屬燈（高效率透明型）
	5000	5000 日光燈晝白色（N）系
4125	中間色 4500	日光燈白色（W）系
	4200	螢光水銀燈
	4000	4000
		6500
	中間色	高瓦數 LED 燈泡
	3500	
	3000	日光燈溫白色（WW）系
	暖色 2850	白熾燈泡（100 W）
	2700	
煤氣燈 2125	2000	2100 高壓鈉氣燈
石蠟燈 1900		
地平線之太陽 1850		
	暖色	

表 3.6 常見燈具之演色能力排列

・白熾燈	接近中午太陽光、鹵素燈泡	100
・日光燈	色評價用	99
	三波長	86
	晝光色	77
	白色	64
・水銀燈		53
・高演色性複金屬燈		90
複金屬燈		65
・高演色性鈉氣燈鈉		53
氣燈		27

表 3.7 常見場所之照明演色要求排列

等級	演色性指數	暖色	中間色	冷色
		（<3200K）	（3200〜5300K）	（>5300K）
		住宅	展示館	紡織業
1.	Ra ≧ 85	餐廳	商店	塗料業
		旅館	醫院	
		辦公室	辦公室	辦公室
		學校	學校	學校
2.	70 ≦ Ra ≦ 85	百貨商場	百貨商場	百貨商場
		無塵室	精密工業	精密工業
		（寒帶地區）	（溫帶地區）	（熱帶地區）
3.	Ra ≦ 70	室內空間	室內空間	室內空間
S.	特別演色性	特殊用途	特殊用途	特殊用途

表 3.8　常見燈具的光源效率排列

種類	效率（lm/W）
白熾燈泡	15
LED 燈泡	20
石英鹵素燈	25
SL 省電型螢光燈泡	60
水銀燈	65
普通日光燈管	70
PL 型日光燈管	85
PLC 型日光燈管	85
複金屬燈	90
三波長自然色日光燈管	96
高壓鈉氣燈	130
低壓鈉氣燈	200

的解釋，然而眩光其實在分類上非常複雜。基本上可以有對比眩光、反射眩光（如黑板、桌面）、光幕眩光（透過鏡片等產生多餘光線）、順應眩光（如黑暗中的突光）、過照眩光（又稱直接眩光）等。而我們一般在室內的照明設計上，應盡可能避免黑板上或桌面上因照明燈具在對象的表面上造成過照或集中的光通量，以致於對象物內容被干擾。解決眩光問題的方法為：

1. 減少光源本身的輝度：不要那麼亮，暗一點。

2. 增加周圍環境的輝度：將周圍環境的亮度值設到與發光體發出的亮度相近。

3. 增加視角：將亮度的發光角度加大，不要過於集中。

4. 調整光源的角度或位置,如圖 3.4 中視角大於 40° 時,桌面之反射將可分散減緩,避免眩光。

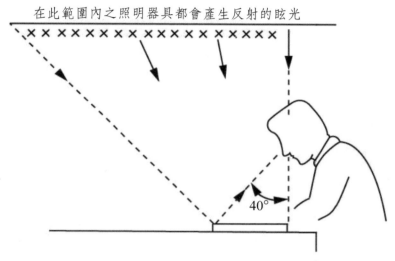

圖 3.4 中視角大於 40° 時,桌面之反射將分散減緩

3.4 光源效率

指每一瓦電力所發出光的量,其數值愈高表示光源的效率愈高。所以對於使用時間較長的場所,如辦公室、走廊、道路、隧道等,效率通常是一個重要的考慮因素。光源效率(luminous efficacy, η)的值是由下式計算得出:

光源效率(lm/W)= 流明數(lm)/ 耗電量(W)

注意並非省電光源便是光源效率高的燈具,如表 3.8 所示,LED

燈泡是爲省電光源，但比較鈉氣燈則因發光強度上的弱勢而差異甚大。另外，一般 T8 或 T9 的日光燈管發光效率僅 0.98～2.93 lm/W，T5 燈管能夠具備 5 lm/W 以上的發光效率，相較於傳統日光燈管提升許多。

演練

選擇題

3-6　(　) 演色性之名詞解釋，以及下列各空間該有之演色性指數之排列何者最正確？　(A) 博物館 > 精密工業廠房　(B) 醫院 > 餐廳　(C) 是指光線照射於物體表面時能夠表現眞實照度的程度　(D) 光線照射於物體表面時能夠表現物體眞實紋理的程度。

3-7　(　) 色溫度之名詞解釋以及以下燈具之色溫高低排列何者正確？　(A) 高壓鈉氣燈（halogen）> 水銀燈　(B) 以絕對溫度 k 爲單位，表示光顏色之冷暖感受　(C) 水銀燈 < 燈泡 (D) 高者偏暖色系，低者偏寒色系。

3-8　(　) 有關室內人工照明設計之敘述，下列何者錯誤？　(A) 會議室中照度基準約爲 300～750 lx　(B) 辦公室作業面之明暗對比小於 3：1　(C) 爲防止直接眩光，頭頂光源之入射角（與水平面夾角）應小於 40°　(D) 色溫度低者屬暖色系。　　　　　　　　　　　　　　　　　　　　　（98 年）

3-9　(　) 有關光源之演色性指數（Ra），由大至小依序爲何？①高壓納燈 ②鹵素燈 ③螢光燈　(A) ①②③　　(B) ①③②

(C) ②③① (D) ③②①。 （98 年）

3-10 ( ) 燈具效率與下列何者有關？ (A) 空間壁體之反射率 (B) 光源之光通量 (C) 燈具型式 (D) 燈具懸吊高度。

（98 年）

3-11 ( ) 下列建築照明節能對策，何者正確？ (A) 以白熾燈替代日光燈 (B) 以水銀燈替代鈉氣燈 (C) 以一支 40 W 日光燈管替代兩支 20 W 日光燈管 (D) 燈管在使用壽命到達後再更換。 （99 年）

3-12 ( ) 有關採光照明之名詞定義或說明之敘述，下列何者正確？ (A) 晝光率，是指某點之日射量除以該時之全天空照度之百分比值 (B) 作業面之照明均齊度，為作業面上之最低照度除以最高照度之比值 (C) 在人工照明之場合，光源的色溫度高，是指採用偏向紅黃之光源 (D) 光源對於物體顏色呈現的程度稱為彩度或色調，也就是顏色的逼真程度。 （99 年）

3-13 ( ) 下列何者與照明品質無關？ (A) 輝度分布 (B) 功率因數 (C) 均齊度 (D) 眩光。 （100 年）

3-14 ( ) 有關照明之特性敘述，何者錯誤？ (A) 3300 K 的色溫給人溫暖的感覺 (B) 光源在視線附近易引起眩光 (C) 日光為評定人工照明光源演色性的參照光源 (D) 鹵素燈的演色性比螢光燈差。 （101 年）

3-15 ( ) 下列何種光源之演色性最佳？ (A) 50 W 鹵素燈 (B) 250 W 高壓鈉燈 (C) 100 W 水銀燈 (D) 40 W 螢光燈。

（102 年）

3-16 (　) 下列何者與照明設計指標無關？　(A) 均齊度　(B) 眩光
(C) 演色性　(D) 日射量。　　　　　　　　　　　　（102 年）

3-17 (　) 下列何者可以表示光源對於物體顏色呈現的程度，也就是
能表示物體顏色逼真的程度？　(A) 色彩調節　(B) 色順應
(C) 演色性　(D) 色溫度。　　　　　　　　　　　　（102 年）

3-18 (　) 下列何種光源之發光效率最高？　(A) 400 W 高壓水銀燈
(B) 400 W 高壓鈉燈　(C) 400 W 複金屬燈　(D) 400 W 鹵
素燈。　　　　　　　　　　　　　　　　　　　　（102 年）

3-19 (　) 有關光的擴散性與光源面積、照度的均齊度，三者之關係
敘述，下列何者錯誤？　(A) 光的擴散性與光源面積成正
比　(B) 光愈具擴散性，照度的均齊度愈高　(C) 照度愈
高，均齊度愈小　(D) 光源面積變大，均齊度愈高。

（102 年）

3-20 (　) 眩光是指在看某一主要物像時，該物像辨識度受干擾的現
象，下列何者不是影響眩光的因素？　(A) 輝度　(B) 色溫
度　(C) 光源面積　(D) 眼睛與光源的角度。　　（102 年）

3-21 (　) 下列何種光源之色溫度最高？　(A) 60W 白熾燈
(B) 250W 高壓鈉燈　(C) 100W 鹵素燈　(D) 40W 螢光燈。

（103 年）

3-22 (　) 避免眩光之設計法則何者正確？　(A) 眩光不會影響視力，
或使眼睛疲勞　(B) 視角＜40° 時，桌面之反射將分散減緩
(C) 當光源的亮度極高，或者是背景與視野中心的亮度差
較大時就會產生眩光　(D) 增加光源本身的輝度：亮一點
比較好。

第四章　光之表色法

光顏色表示分類法基本上分爲知覺表色法與物理表色法，知覺表色法以色料著色爲目的；以紅、橙、黃、綠、藍、靛、紫爲表示方式。本書以曼賽爾（Munsell）色相環的表色法舉例說明，它主要用於表現視覺設計傳達等。物理表色法則以色光混色爲目的，利用數據表示爲特色；如紅 -X 、藍 -Y 、綠 -Z 的工業用表面色表示，專用於標示產品發光顏色等。

4.1 曼賽爾色相環

曼賽爾色相環是 A. H. Munsell（1858～1918）於 1915 年確立的表色系，他以色相（hue）、明度（value）、彩度（chroma）分別以三個向度來表示各種知覺色；如圖 4.1 所示，色相有 R 、RP 、P 、PB 、B 、BG 、G 、GY 、Y 、YR 共 10 個，並於各色相分 10 個等級。圖中垂直方向表示明度，由上而下分別表示最亮至最暗色；最後從上下間穿插入各色相的彩度。如圖 4.2 以同色系表（5RP）爲例，在明度第五級發展出彩度共 14 階爲最多分項。

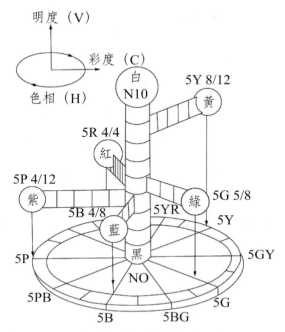

圖 4.1 曼賽爾色相環的表色結構圖

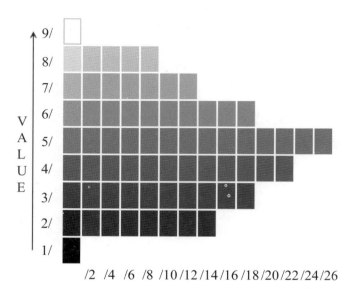

圖 4.2 以同色系表（5RP）為例的彩度表示

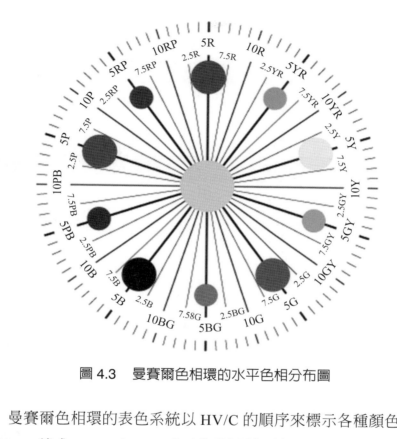

圖 4.3　曼賽爾色相環的水平色相分布圖

　　曼賽爾色相環的表色系統以 HV/C 的順序來標示各種顏色。如 5Y8/12，讀成 5Y，8 之 12。表示非常便利且易於讀色及辨色。表 4.1 列舉一般常用建材之曼賽爾色相表色例。

表 4.1　列舉一般常用建材之曼賽爾色相表色例

木材		
一般木材	2.5YR～10YR	7～8/3～4
日本松（紅松）	7.5YR	6.5/5
日本松（白松）	10YR	8/4
美國松	5YR～7.5YR	6/4.5
TAMO	10YR	8/3

柚木	10YR	4.5/3.5
夾板	YR～Y	6～7/2～4
水泥材・磁磚等		
水泥	10YR	8/4
灰漿	5Y～7.5Y	4～6/6～7
混凝土	Y	5～6/1～2
灰泥粉	N	7～9
石材・金屬・牆土等		
鐵平石	B	4/2
	YR	5/1
花崗石	2.5Y～7.5Y	5～6.5/1～2
大谷石	Y～GY	7～8/1～2
鋁	5B	6～8/0～1
鍍鋅鋼板	N	6～7
銅	10R	5～6/4～6
磚	7.5R～2.5Y	4～4.4/2～3
寒水石	5GY～7.5GY	6～7/1
外部環境		
紅磚（近景）	3R	5/3
破浪（近景）	10G	5/1.5
砂地（近景）	2.5Y	5/2
草地（遠景）	5.5GY	6.1/4.7
雜木林（遠景）	8.7GY	3/1.5
落葉松林（遠景）	4.6GY	3.8/3
晴空（遠景）	2.7PB	6.2/3.6

　　光源色與物體色之判定方法是利用對色箱來進行色彩比對。
理論上對色箱是採取色溫度為 6500K 之平均太陽光（D 光源，CIE
D65），或 7500K 之 K 光源（CIE D75）；以及代表白熾光，色溫度為
2856K 之標準夕陽光（A 光源）來解決一般光源下色變現象的觀察作
業。因為兩者的色溫差距下，已包括了其他光源，日光燈，平均太陽
光等。所以在 D 光源與 A 光源下，若顏色能夠一致，則在其他光源

下就不致有明顯的差異，解決了單光源對色的困擾，且能有效地對色。

4.2 工業製品色度圖

　　純屬色相表示法，1931 年 CIE（國際照委會，CIE 1931）提出了利用三原色光之混合比率來表示光源或物體顏色的方法；並可由色度圖（圖 4.4）中求取 Z 值（因 X + Y + Z = 1）。其缺點是不易表示色彩概略。如：100W 燈泡，光色為 X = 0.456，Y = 0.407，則 Z = 1 − (0.456 + 0.407) = 0.137。

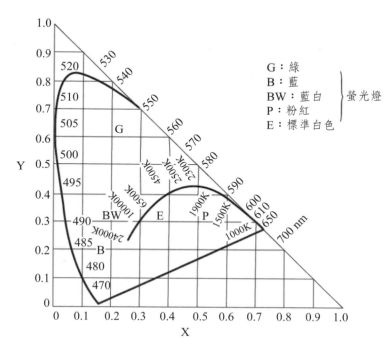

　　G：綠
　　B：藍
　　BW：藍白 ｝螢光燈
　　P：粉紅
　　E：標準白色

圖 4.4　國際照委會提出之光色表色系統，稱為色度圖

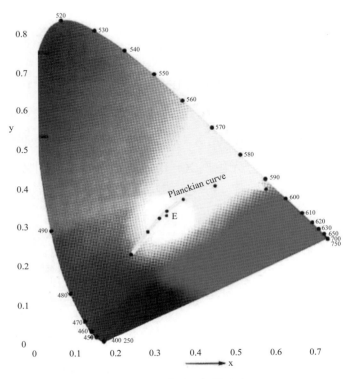

Chromaticity diagram to DIN 5033

圖 4.5　色度圖之實際色彩呈現

　　在工業製品色度圖的表色方式我們舉一個交通部於道路紅綠燈的表色要求實例於圖 4.6 中，及一般燈具之工業製品色度表色於表 4.2 中。

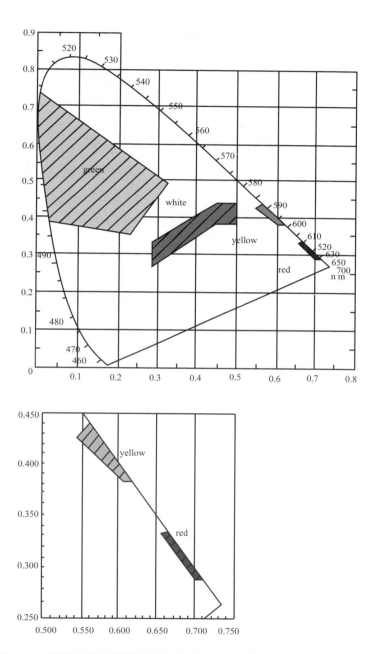

圖 4.6　公路用燈光號誌所使用發光二極體（LED）之光色範圍

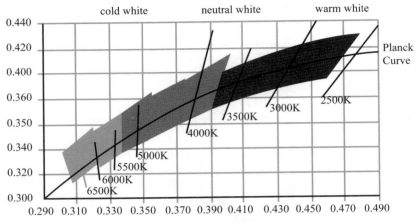

圖 4.7　LED 光源之工業製品色度表色範圍

表 4.2　一般燈具之工業製品色度表色例

光源		X	Y
白熾燈	100 W	0.456	0.407
	1000 W	0.442	0.406
螢光燈	溫白色	0.405	0.391
	白色	0.361	0.363
	畫光色	0.313	0.324
水銀燈	400 W 螢光	0.366	0.422
	400 W 清光	0.331	0.400
放電燈	霓虹燈（紅）	0.666	0.334
	鈉氣燈	0.575	0.424
	碳弧燈	0.390	0.382
	氙氣燈	0.320	0.319

演練

選擇題

4-1 （ ） 有關曼賽爾色相環之內容何者錯誤？ (A) 由色相、明度、彩度所構成 (B) 明度是由垂直高低來變化，白色在最下面 (C) 彩度是由圓心往外增加 (D) 共有 10 種色相。

第五章　晝光設計

5.1 晝光率

晝光率（daylight factor）是指室內某一點之照度 E 與當時之全天空照度 E_s 之比率值，即

$$D_d = (E_d + E_i) / E_s \,(\%)$$

如圖 5.1 顯示，在沒有任何遮蔭下，戶外水平面上之全天空照度 E_s 分之室內某一點 P 之水平照度 E，而水平照度 E 是由建築開口直接照射於 P 點之 E_d 與經由室內各面反射至 P 點的總合 E_i 稱之。

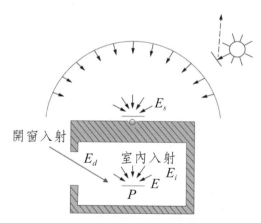

圖 5.1　晝光率計算中之室內照度 E 與當時之全天空照度 E_s

基準晝光率參考值如表 5.1 所示，精密作業場所之晝光率必須特別重視。這裡以表 5.2 來形容全天空照度在不同天候下之數據變化；

以一般長方形開窗之晝光率來分析時，玻璃窗之晝光率是受到窗材透過率（τ）、維護率（M）、牆厚度（R）、窗外之側面晝光率（D_w）及晝光直接投射率（U）來影響。以數式表示為：

$$D_d = \tau MRD_w \cdot U/100$$

表 5.1　基準晝光率參考值

階段	室內作業場所之類別	基準晝光率（%）	左列場合之晝光照度（lx）			
			大晴天	晴天	陰天	大陰天
1	鐘錶修理、手術室	10	3,000	1,500	500	200
2	長時間之縫紉、精密製圖、精密工作	5	1,500	750	250	100
3	短時間之縫紉、長時間閱讀、一般製圖、打字、電話交換、牙科診察	3	900	450	150	60

表 5.2　全天空照度在不同天候下之數據變化

條件	全天空照度（lx）
萬里晴空天	50,000
晴天 普通天 陰天	30,000 15,000 5,000
雨天	2,000
初放晴藍天	10,000

因此，如果在相同開窗條件及玻璃材質相同的情況下，影響晝光率的唯一因素就剩下晝光直接投射率（U）了。我們就以晝光直接投射率的評估方式來逐一介紹。晝光直接投射率是以幾何關係去了解，

窗戶的高低、大小與受照點的距離條件下，陽光能夠對於室內某點 P 形成多少投射比率稱之。如圖 5.2 所示，可以知道與窗口的距離是畫光率大小的形成原因。

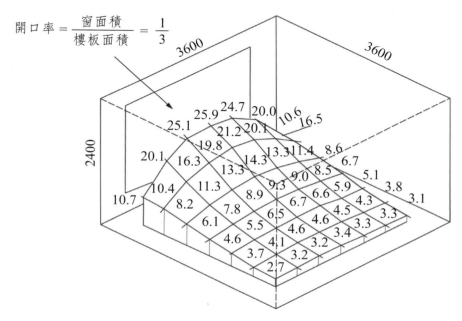

$$開口率 = \frac{窗面積}{樓板面積} = \frac{1}{3}$$

圖 5.2　窗口的距離成為畫光率大小的形成原因

　　圖 5.2 中開口率之定義清楚可見，它是室內畫光規劃的重要參數，特別需要注意的是開口率的定義是以樓板面積作為基準。它是控制建築樓板面積與空間場所畫光利用率的便利參數。如表 5.3 所示，是特定空間機能與開口率基準間的關係。然而對於窗戶開口與空間的幾何關係如何影響畫光率卻毫無資訊。因此，畫光直接投射率才是決定畫光率最直接的因子。

表 5.3　特定空間機能與開口率基準間的關係

房間之種類	窗之有效採光面積與樓地板面積比
幼稚園、小學、中學、高等學校之教室、醫護室	1/5
住宅房間、醫院或診療所之病房、學校之寢室或出租房間、托兒所主要房間	1/7
學校、醫院、診療所、宿舍、托兒所、非屬上欄所列之居所	1/10

5.2 晝光直接投射率

直接投射率之推導方式如下：（幾何關係請參考圖 5.3）

$$U = \frac{S''}{\pi(1)^2} \times 100\% = \frac{100}{\pi} \int_0^s \frac{\cos\theta \cdot \cos i}{r^2} ds$$

其中 r ＝點 P 與平面 S 之距離，dS 表開口之單位面積

　　θ ＝平面 S 與球面 S' 之夾角，dS' 表受照點單位圓面積上之垂直

　　　方向分量

　　i ＝球面 S' 與平面 S'' 之夾角，dS'' 表受照點單位圓中晝光投入之

　　　垂直方向分量

　　地面受照點單位圓之圓弧長 $T = \pi r\,(\theta r)$

　　圖 5.3 中，開口部至地面投入之垂直方向分量間的關係，可以剖面方式表示於圖 5.4 中。而面積相關計算於下：

$$ds' = \frac{\cos\theta \cdot ds}{r^2}$$

$$ds'' = \frac{\cos i \cdot ds'}{1^2} = \frac{\cos\theta \cos i}{r^2} ds$$

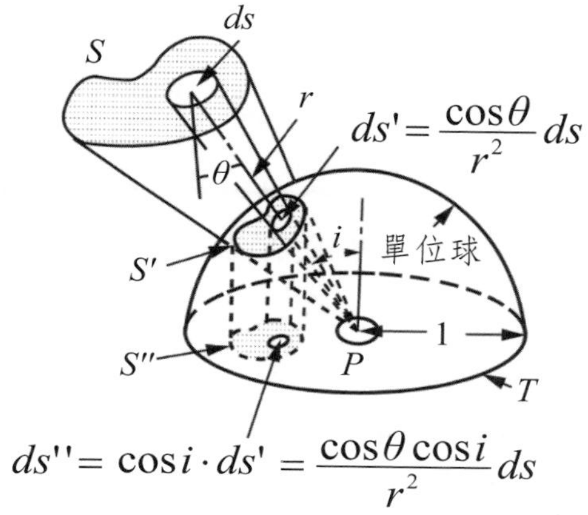

圖 5.3 建築物開口 S 對於地面或工作面 P 點之垂直照射分量立體關係圖

　　畫光直接投射率在應用上計算的複雜性要如何克服的前提下，將開口性狀分為垂直與水平開口兩種性狀，繪製成可便利地從窗口高（h）與寬（b）、及距離地面 P 點距離（d）條件與畫光直接投射率的關係圖像化（如圖 5.6），方便使用者利用查圖方式得到畫光直接投射率（U）。

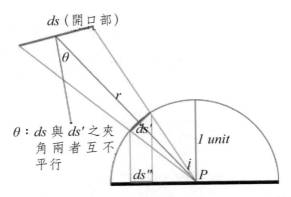

圖 5.4　建築物開口 S 對於地面或工作面 P 點之垂直照射分量解剖圖

5.3 晝光直接投射率計算

　　利用窗口高（h）與寬（b），及距離地面 P 點距離（d）條件與晝光直接投射率的關係圖（圖 5.5）來計算晝光直接投射率，可將窗條件簡單分成四種狀態；首先，窗口的尺寸關係如圖 5.5 所示，對照於圖 5.6 的晝光直接投射率。圖 5.5 並以及四種窗條件與晝光直接投射率計算方法分別列在個別的圖底下。

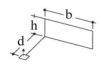

(a) 投射率計算法（一）

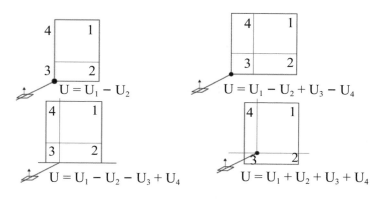

(b) 投射率計算法（二）

圖 5.5 窗口高（h）與寬（b），及距離地面 P 點距離（d）條件與四種窗條件之畫光直接投射率計算方法

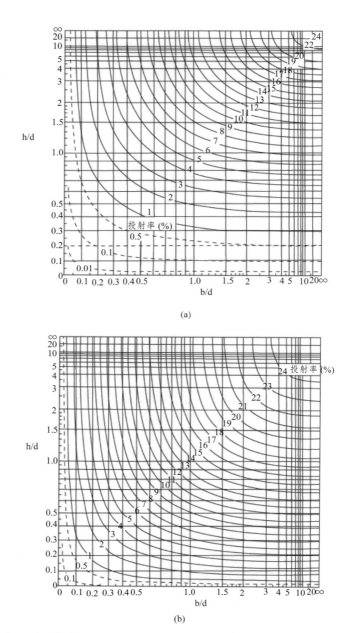

(a)

(b)

圖 5.6　窗口高（h）與寬（b）、及距離地面 P 點距離（d）條件與晝光
　　　　直接投射率的關係圖：(a) 表垂直窗；(b) 表水平窗（b 與 h 可互換）

計算注意點如下：

1. 受照面與開口關係必須從題目中確認清楚（垂直或平行）。

2. 找出有效面積之計算關係，如圖 5.5 中四種不同窗條件。

【例題 1】

畫光直接投射率的計算與窗條件如下：

$$\begin{cases} b/d = 1.5 \\ h_1/d = 0.75 \\ U_1 = 4.5\% \end{cases}$$

$$\begin{cases} b/d = 1.5 \\ h_2/d = 0.15 \\ U_2 = 0.3\% \end{cases}$$

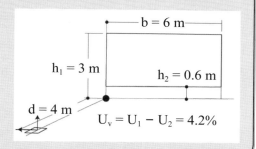

b = 6 m

$h_1 = 3$ m $h_2 = 0.6$ m

d = 4 m $U_v = U_1 - U_2 = 4.2\%$

【例題 2】

一長方體空間具 4 個等面積之開口如右所示。A、B、C 與 D，它們相對於地面 P 點之垂直投射率分別為 UA，UB，UC 與 UD。C、D 為普通窗，A、B 為天窗，下列四者關係何者正確？

1. $U_A = U_B > U_C > U_D$

2. $U_A > U_B = U_C > U_D$

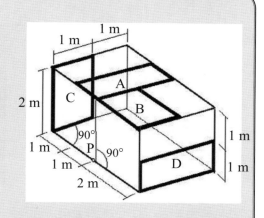

1 m   1 m

2 m   C   A   B   1 m

1 m   90°   P   90°   1 m

1 m   D

2 m

3. $U_A > U_B > U_C > U_D$

4. $U_A = U_B > U_C = U_D$

5. $U_A = U_B = U_C = U_D$

解：由於天窗相對於 P 點之垂直投射率
遠大於 C、D 之一般窗。因此

$$A : d = 2, h = 2, b = 1 \Rightarrow \frac{h}{d} = 1, \frac{b}{d} = 0.5$$

$$B : d = 2, h = 1, b = 2 \Rightarrow \frac{h}{d} = 0.5, \frac{b}{d} = 1$$

$$U_A \approx 9\%, U_B \approx 9\%$$

$$C : d = 2, h = 2, b = 1 \Rightarrow \frac{h}{d} = 1, \frac{b}{d} = 0.5$$

$$D : d = 2, h = 1, b = 2 \Rightarrow \frac{h}{d} = 0.5, \frac{b}{d} = 1$$

$$U_C \approx 3.5\%, U_D \approx 2.1\%$$

答案為 1

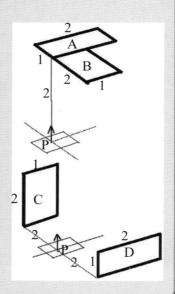

【例題 3】

具斜面大開口之溫室如右圖，其
窗條件如下：

τ：窗材透過率 80%

M：維護率 75%

R：窗面積中窗玻璃之比率 80%

試求其晝光率 D_d（外部光能量有多少能進到室內），及與窗距離
1 m 處之水平受照面之照度室內地面之水平照度為若干？

解：$D_d = \tau \times m \times R \times U$

$\tau \times m \times R = 0.80 \times 0.75 \times 0.80 = 0.48$

$\rightarrow D_d = 0.48 \times U = 0.48 \times 17\% = 8.16\%$

$E = D_d \times E_s$

E：室內之受照面照度

E_s：全天空照度（15000 lx）

與窗距離 1m 處之水平受照面之照度為 1224 lx

$E = 0.0816 \times 15000 = 1224$ lx

（與窗距離 3 m 處 $0.0336 \times 15,000 = 540$ lx）

演練

計算題

5-1　試計算下圖中開窗 A 與 B 相對於地面 P 點之立體角投射率 U_A 及 U_B 之大小為何？（投射率與窗之關係請參照 5.3 節附表）

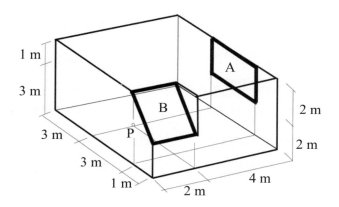

選擇題

5-2　(　)　開窗 A 與 B 相對於地面單點之直接投射率（U）及之大小何者敘述有誤？　(A) 立體角投射率是指窗外入射條件相同，陽光從窗口入射地面比率大小稱之　(B) AB 面積比例大小相同，則天窗＞垂直窗　(C) AB 面積大小相同，且均為垂直窗，則寬窗 U 值小　(D) AB 面積大小相同，則 UA ＝ UB。

5-3　(　)　有關晝光率之敘述何者有誤？　(A) 室內某平面上照度之測量值除以當時之全天空照度的比率　(B) 歐洲中古時期教堂內之晝光率大都小於 0.5　(C) 全天空照度是指在夏至時的天空照度　(D) 樹木是影響室內某平面上照度的因素之一。

5-4　(　)　有關晝光的設計下列敘述何者有誤？　(A) 國中小學教室之窗戶開口率應大於 1/5　(B) 窗戶開口率是指窗戶有效開口面積與牆面的面積比　(C) 天空率就是測點看見天空的比率　(D) 窗戶與牆厚或位置將影響室內照度。

5-5　(　)　有關晝光率之敘述，下列何者錯誤？　(A) 晝光率之大小，與室外全天空光照度有關　(B) 晝光率之室外全天空光照度需考慮直射光　(C) 玻璃種類會影響室內晝光率　(D) 開窗大小會影響室內晝光率。　　　　　　　　　（97 年）

5-6　(　)　有關晝光直接投射率（U）之敘述，下列何者錯誤？　(A) 它是計算空間晝光率之重要因子　(B) 由開窗至地面的投影面積多寡來計算　(C) 與天空率之定義完全一致　(D) 是計算工作面日照的照度計算因子。

6.1 太陽能概述

太陽熱能分配如下：

1. 紫外線 < 397 nm　　　　　1～2%
2. 可見光 397～770 nm　　　　40～45%
3. 紅外線 770 nm～400 mm　　53～59%

地表幅射形式依輻射形式可分為可視線與熱幅射兩方式。而地球運轉依據人的觀察角色扮演可分為真運動與視運動兩種；真運動是以太陽為中心之宇宙觀，而視運動則是以人站立於地表面以地球為中心之宇宙觀。

6.2 地球與太陽的位置關係

從太陽系外觀察，我們特別需要注意地球受照位置所謂之節氣變化。如圖 6.1，赤道（equator）係指地球表面距離兩極等遠，且平分地球為南、北兩半球的假想大圓圈。而黃道（ecliptic）是指地球公轉時的橢圓形軌道。俗稱的地軸便是地球自轉時的圓軸心線；這個自轉時的圓軸心線並非垂直在黃道面上，而是以 23.5° 的角度斜立於黃道面上。由於 23.5° 的角度斜立與太陽並非黃道面中心點這兩大原因，造就了地球的四季氣候。赤緯（declination）度則是唯一用於對照不同節氣的參數。它有兩個定義：其一、根據真運動觀點，太陽軌跡平

面與赤道之夾角（圖 6.3）；其二、根據視運動觀點，地球自轉軸與黃道面法線（指向太陽方向）之夾角。

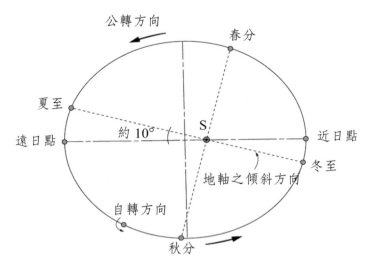

圖 6.1　北半球節氣變化與地球公轉黃道面之關係

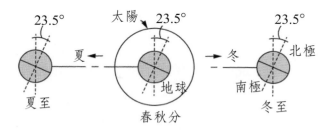

圖 6.2　上圖之立面圖，地球以 23.5° 的角度斜立於黃道面上

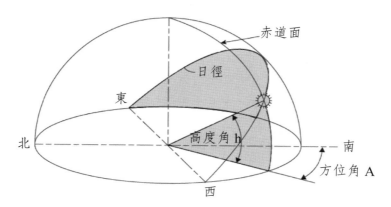

圖 6.3 視運動之宇宙觀與高度角 h，及方位角 A 之關係圖

因此，在地球自轉與公轉面的複雜相互關係，造就北半球的四季變化與太陽軌跡的變化。如圖 6.4 中，以北緯 25° 的臺灣爲例，當北半球夏至日時，日出出現於地平面東偏北 25.6° 處，而日落於西偏北 25.6° 處。反之，春秋分時，日出日落分別是正東與正西。冬至日時則日出於東偏南 25.6° 處，而日落於西偏南 25.6° 處。隨著季節不斷更迭，這種現象以年爲週期不斷地重複著。然而，我們以面對太陽算是一天的曆法（眞太陽日），

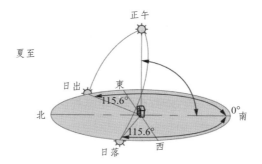

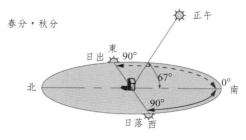

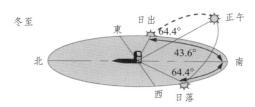

圖 6.4 北半球四大節氣之太陽軌跡圖

其實與面對遠處的恆星來算一天的時間是有差異的,這種差異也隨黃道上位置而有所改變。因此,我們把地球繞太陽一週時間除以 365 日的平均太陽日與視運動地球自轉一次所需時間的眞太陽日比較時,平均太陽日比眞太陽日大些,最大差異出現在每年 11 月,大約爲 16 分鐘。因此 1 年不是 365 天,而是 365 天又 5 小時 48 分 46 秒多。這種細微的改變讓我們必須每四年要閏月一次,去補足這個少算的部分。表 6.1 是赤緯度在不同節氣的所在角度與前後兩日的差異變化。赤緯度可以依據日期與所在緯度來算出精確的數字如下式:

$$\delta = 23.45 \sin\left[360 \times \frac{(284+n)}{365}\right]$$

其中,n 是從元旦開始之天數

表 6.1　赤緯度在不同節氣的所在角度與前後兩日的差異變化

節氣	日期	δ 值	與翌日之 δ 其差值
立春	2 月 4 日	−16'17'	+18'01"
春分	3 月 21 日	−0'15'	+23'42"
立夏	5 月 6 日	+16'11'	+16'46"
夏至	6 月 22 日	+23'27'	−0'03"
立秋	8 月 8 日	+16'29'	−16'58"
秋分	9 月 23 日	+0'01'	−22'38"
立冬	11 月 8 日	+16°13'	−17'38"
冬分	12 月 22 日	−23'27'	−0'18"

　　臺灣地處北緯 25 度(依臺北爲基準),在北半球享有夏日處於遠日點優勢,而南半球則因約 70% 爲海洋,即使夏日處於近日點依然可以利用海水調整溫度,不致太熱。

6.3 球面三角公式與極投影圖

人類自古利用觀察每日太陽的軌跡，了解何時適於農耕及播種。現代科技進步，太陽高度角 h 及方位角 A 的計算早已是簡單的事情。利用球面三角公式可以先後求出太陽高度角 h 及方位角 A 如下。

$$\sin h = \sin \delta \sin \phi + \cos \delta \cos \phi \cos t$$

$$\sin A = \frac{\cos \delta \sin t}{\cos h} (0° < h < 90°, -180° < A < 180°)$$

其中，緯度（ϕ，台北 25°N）、時角（t）及時間（T, 0～24hr），t = (T-12)·15(°) 分別置入後即可求得。這裡必須特別注意方位角 A 以正南向為起點，順時針為正，如圖 6.5。計算固然可以得到太陽高度角 h 及方位角 A，另外還有一個方法便是查圖表。利用極投影圖可以簡便地查出高度角 h 及方位

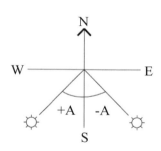

圖 6.5　方位角 A 正負

角 A。如圖 6.6，北緯 23.5° 的極投影圖，圖中由左至右的五條拋物線（L1～L5）便是指下表中的各個節氣。將節氣鎖定在其中一條拋物線後，依據白天的時間 6～18 時（標示於 L1 拋物線上緣）。鎖定後沿著垂直拋物線方向與拋物線交點來查詢高度角 h（標示於 L1 拋物線上方的兩側斜線上），中央點便是在頭頂上。再依方才的交點往整個極投影圖由內向外延伸至圓周上來找尋方位角 A。此法甚為簡單易於應用，不過極投影圖依緯度不同而有所變化，必須先確認緯度正確。例如我們要查臺灣中部冬至日 15 時之太陽高度角與方位角，

由圖 6.6 可簡單鎖定 L5 拋物線，然後查詢 15 時之位置可以依據上述
步驟得到：太陽高度角 h = 26°，太陽方位角 A = 46°（南偏西）。

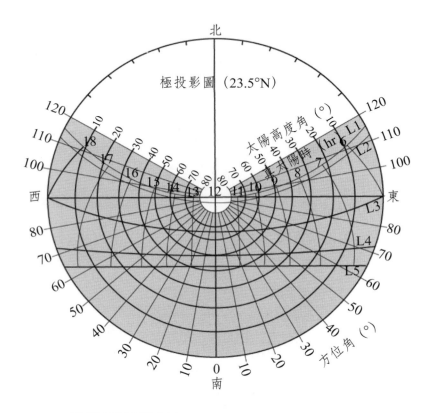

曲線	日 期	節 氣
L1	6/21	夏至
L2	5/6，8/8	立夏，立秋
L3	3/21，9/23	春分，秋分
L4	2/4，11/8	立春，立冬
L5	12/22	冬至

圖 6.6　北緯 23.5° 的極投影圖

此外，利用圖 6.4 之太陽軌跡圖（又稱日徑圖）在日出日沒時 h = 0°，利用球面三角公式可反求時間：

$t = \pm\cos^{-1}(-\tan\phi\tan\delta)$，日出時 $t_1 = 12 - t / 15(hr)$，日沒時 $t_2 = 12 + t / 15(hr)$。

因此建築物各方位受日照時數可歸納如下：

- 各向受日照時數 H > E，W > S > N（H：屋頂（水平面），E：東向，W：西向，S：南向，N：北向），特別注意南向之日照時數少於東、西兩向。（日照時數，係指該地該時內有日射量等於或大於每平方公尺 120 瓦之日照時間，稱為一個日照時）。

- 一年當中只有在夏至附近可以看到日正當中的情景，此時建築物北向可以得到僅有的太陽直射機會。

6.4 日射量

建築物某立面在某時間內所受之熱量謂之日射熱量。而單位面積在單位時間內所受之熱量稱為日射量（flux of solar radiation）（kcal/m^2h 或 W/m^2）。實際測得方式依日射計受熱產生之溫度差來計算。來源包括直射能與天空輻射能。主要之直射能受大氣透射率（P）影響。都市 P 值約在 0.6～0.8 之間。高山海邊則約在 0.87～0.92 之間。圖 6.7 指不同緯度之全年日射量變化，而圖 6.8 則是水平日射量與緯度的關係。由圖 6.7 得知緯度高全年日射量變化大；反之，緯度低全年日射量變化小。由圖 6.8 得知，緯度在南北緯 30° 時的水平日射量較大於其他緯度。圖 6.9 則是顯示不同建築方位之終日日射量與季節的關係。從圖 6.9 中讀出南向垂直面於冬至中午時的日射量達到全年及全日最

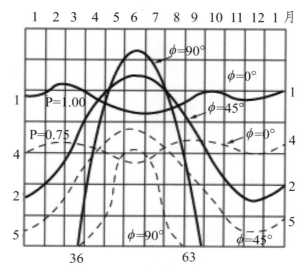

圖 6.7　不同緯度之全年日射量變化

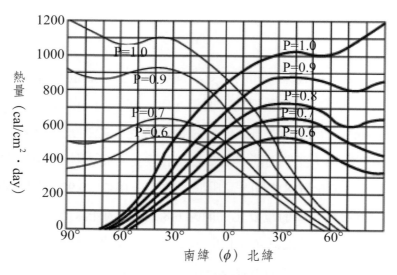

圖 6.8　水平日射量與緯度的關係

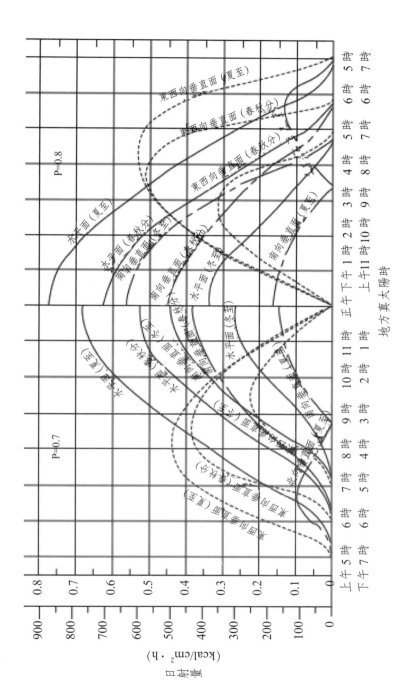

圖 6.9　不同建築方位之終日日射量與季節的關係

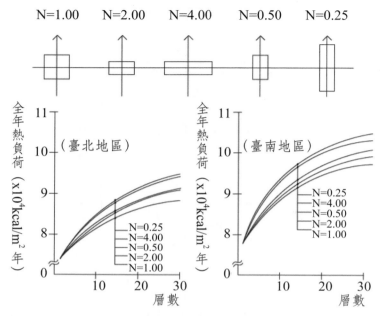

圖 6.10 不同外型樓層數全年冷房負荷之變化（N：平面長寬比）

高。另外，圖 6.10 顯示不同外型樓層數全年冷房負荷之變化（N：平面長寬比）。其中平面長寬比 N = 0.25 均為各地全年冷房負荷最高之配置，不得不注意。

臺灣的日照計畫中以節能為目的的規劃上應注意事項整理如下：

1. 南北向，東西軸長建築物較利於控制日射。

2. 運動場等，應以南北座向。

3. 斜屋頂有利平衡熱收支。

4. 南北向走道優於東西向走道。

演練

計算題

6-1 依據球面三角公式，臺中地區（緯度 = 24° N）在冬至日（$\delta = -23.5°$）下午三時之太陽高度角 h 與太陽方位角 A 為何？

選擇題

6-2 （ ） 有關赤緯度之解釋何者有誤？ (A) 地球自轉軸與黃道軌跡法線方向之夾角 (B) 赤緯度是因為地軸與黃道面間不是垂直所造成 (C) 地面上太陽之移動軌跡面與黃道面之夾角 (D) 天天在改變以決定地球各地之季節變化。

6-3 （ ） 有關日射時間與日射量之敘述何者正確？ (A) 臺灣或福建全年建築物各向受日照時數 W < S (B) 臺灣或福建全年僅冬至日附近看得見日正當中 (C) 臺灣或福建全年建築物各向受日照時數 H > E (D) 南面日射量最大是在夏至。

6-4 （ ） 利用極投影圖查詢夏至日下午 3 時之太陽高度角何者最接近？ (A) 52 度 (B) 40 度 (C) 26 度 (D) 75 度。（註：如圖 6.6，L1- 夏至）

6-5 （ ） 利用極投影圖查詢夏至日下午 3 時之太陽方位角何者最接近？ (A) 南偏西 25 度 (B) 南偏西 50 度 (C) 西偏北 10 度 (D) 南偏東 10 度。（註：如圖 6.6 之 L1- 夏至）

6-6 （ ） 關於一年時間的敘述下列何者錯誤？ (A) 真太陽時是指地球自轉一次所需時間 (B) 平均太陽時約為 24 小時 (C) 真太陽時與平均太陽時最大差異為 16 分鐘 (D) 真太

陽時與平均太陽時最大差異發生在 7 月與 12 月。

6-7 （ ） 住宅建築玻璃開窗部，何種設計對減少室內太陽日射熱負荷成效最佳？ (A) 加設室內屬百窗 (B) 加裝室內錫箔布 (C) 改用 Low-E 玻璃 (D) 加設室外簷及遮蔭陽臺。

（99 年）

6-8 （ ） 依據建築技術規則，等價開窗率的計算是將所有窗面的日射取得，以下列何者的日射量為基準之相當開窗比例？ (A) 臺北北向日射量 (B) 臺北南向日射量 (C) 臺北水平面日射量 (D) 臺中水平面日射量。 （100 年）

6-9 （ ） 以下城市何者全年平均日照最低？ (A) 基隆 (B) 臺北 (C) 臺中 (D) 高雄。 （101 年）

6-10 （ ） 有關日射量之敘述，下列何者正確？ (A) 臺灣全年南向立面的日射量高於水平面的日射量 (B) 大氣透過率不佳時，直達日射量會較高 (C) 擴散日射量多，各方位垂直日射量差異小 (D) 日射量與地區的經度有明顯的正相關性。 （102 年）

6-11 （ ） 下列何者為太陽光電發電量計算時所需的氣象資料？ (A) 日照率 (B) 日射量 (C) 空氣溫度 (D) 可照時數。

（102 年）

6-12 （ ） 有關太陽的軌跡與位置之敘述，下列何者正確？ (A) 地球的公轉與自轉稱為視運動，然對於地球上的人們所觀察的天體運行而言稱為真運動 (B) 太陽一天當中沿著天球表面運轉軌跡稱為日徑或赤緯圈，其位置隨著季節而異 (C) 以北半球而言，冬至日是指農曆 12 月 22 日，赤

緯圈達到最南端 (D) 春分日及秋分日，其日赤緯正好為
23°27'。 （103 年）

6-13 (   ) 下列有關臺灣地區太陽軌跡之敘述何者錯誤？ (A) 日正
當中只發生在每年夏至時期 (B) 在無遮蔽情形下受日照
時數是南向大於東向 (C) 南面日射量最大在春秋分 (D)
北面日射量最大在夏至。

6-14 (   ) 以下有關太陽與地球關係之敘述何者不正確？ (A) 以太
陽為中心之宇宙觀稱為真運動 (B) 地球環繞太陽運行的
軌跡稱為赤道 (C) 視運動時太陽軌跡平面與赤道之夾角
稱為赤緯度 (D) 有赤緯度變化才有一年四季變化。

6-15 (   ) 下列有關緯度與赤緯度之敘述何者錯誤？ (A) 基隆與臺
中緯度差 1 度 (B) 一般以北緯 25 度代表台灣緯度 (C)
臺灣在夏至時期赤緯度達到最大 (D) 北京與臺北之赤緯
度變化相同。

第七章　建築物陰影長度

　　檢驗建築物陰影是否形成鄰房永久陰影區早已是建築技術規則內的條文；本單元以冬至日的日影時間長度為訴求的計算目標，作為敘述主題。

　　建築物陰影長度 m 可以簡易計算如下：

$$m = H \cot h$$

其中 m：陰影長度（m）

　　　H：建築物高度（m）

　　　h：太陽高度角（°）

　　例如 3 米高建築物，太陽高度角 34°，形成之陰影長度為 $3 \cot 34° = 4.44....m$

　　此關係如圖 7.1 從斷面與平面兩種視點來檢視。

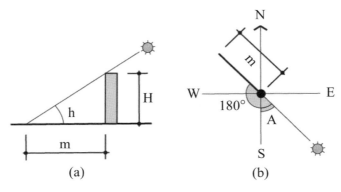

圖 7.1　從斷面 (a) 與平面 (b) 兩種視點來檢視建築物之陰影長度

從大樓的座落方向來觀察夏至與冬至兩個節氣時的白天日照時數與陰影輪廓的變化，如圖 7.2。日照時數與鄰棟間隔的日影時數問題，如圖 7.3 的平面圖中 A 點在右後及左後方各有 A（高 H1）與 B（高 H2）兩棟高樓；要檢討兩棟建築影響 A 點冬至日的受日照時數，我們需先找到決定性的幾個重要的點，如圖 7.3 中的 (A1, h1), (A2, h2), (A3, h3), (A4, h4)。再接下來我們以 B 棟爲例，檢討如下：

(1) H2coth3 ≥ d3 且 H2coth4 ≥ d4，則 A 點均無日照，T4 = 0

(2) H2coth3 < d3 且 H2coth4 < d4，則 A 點均有日照，T4 = t5 − t4

(3) H2coth3 < d3 且 H2coth4 ≥ d4 或 H2coth3 ≥ d3 且 H2coth4 < d4

第三種狀況甚爲難解，需先求聯立 H coth = d 之點 B，再探討進入陰影之時間長。

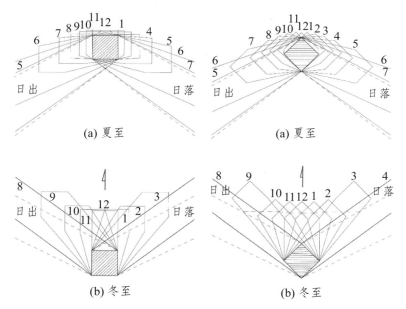

(a) 夏至

(a) 夏至

(b) 冬至

(b) 冬至

圖 7.2　從大樓的座落方向來觀察夏至 (a) 與冬至 (b) 兩個節氣時的白天日照時數與陰影輪廓的變化

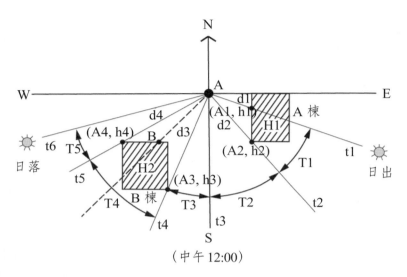

圖7.3 平面圖中 A 點在右後及左後方各有 A（高 H1）與 B（高 H2）兩棟高樓；要檢討兩棟建築影響 A 點冬至日的受日照時數

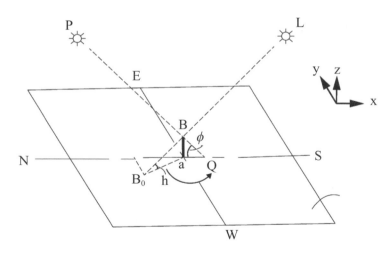

圖7.4 繪製桿影曲線圖過程，其中 B 點表示立於原點 O 之單位長度之桿頂，L 表位置於北半球冬季的太陽位置與 P 表夏季日出的方位，Q 則是太陽方位角

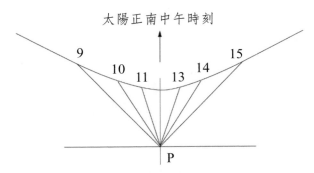

圖 7.5　以圖 7.4 的繪製方式得到冬至時圖 7.4 中 B0 點之連線，得到桿
　　　　影曲線圖，並標示時間變化

　　解決這種難題我們必須介紹一個工具提供方便判別；那便是桿影
曲線圖。桿影曲線圖便是日影曲線的投影圖（圖 7.5）。我們可以利用
北半球之日影曲線方程式來進行投影，日影曲線方程式呈現如下：

$$x^2(\cos^2\phi - \sin^2\delta) - y^2\sin^2\delta + 2xz\sin\phi\cos\phi + z^2(\sin^2\phi - \sin^2\delta) = 0$$

其中，δ 表赤緯度及所在位置之緯度 ϕ。

　　在此過程中投影圖仍然得之不易，一般檢討日影時數根據法規以
冬至日的日照時數為依規，因此，過多的桿影曲線圖並沒有太大意
義。以下是依據這個道理所作的練習。

【例題 1】
如下圖，為某地區之水平面上有一單位長之鉛直棒在冬至日的桿影
曲線圖，在同一地點如圖 (b)，有一東西向無限長之建築物 B，其
北側距離 2H 處之 A 點的冬至日照時數為何？

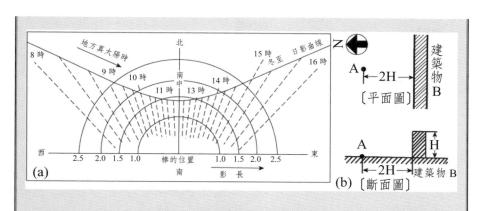

解：A 點之日照時數即 B 建築物之陰影小於 2H 之時數，由圖讀得
　　從上午 10 時至下午 14 時，前後共約 4 小時之日照時數。

【例題 2】

如下圖為某地區之水平面上有一單位長之鉛直棒在冬至時的日影曲
線圖，在同一地點如圖 (b) 有二棟長方體之建築物，求 A 點的冬至
日照時數為何（日出為 8 時，日落為 16 時）？

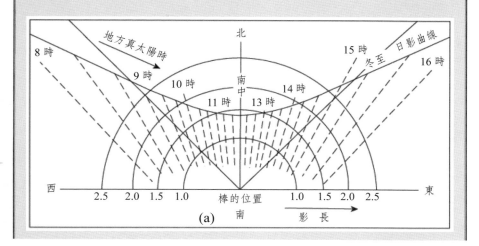

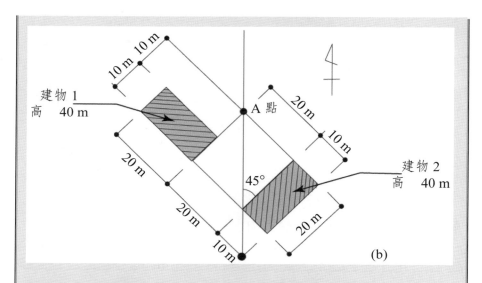

(b)

解：1. 由圖(c)知日出8點時之建築物陰影小於45°並未覆蓋A點。

　　2. 由圖(e)知在點a'，即上午8時50分左右恰好遮蔽了A點。

　　3. 圖(d)乃此地中午之日影情形。

　　　因此A點之可照時數為上午8時至8時50分共50分鐘，再加上中午12時至15時10分共3時10分，總共約4小時。

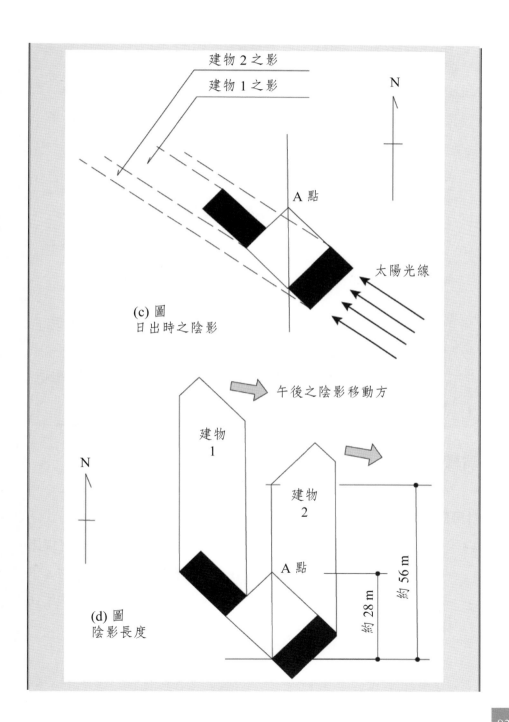

建物 2 之影

建物 1 之影

N

A 點

太陽光線

(c) 圖
日出時之陰影

午後之陰影移動方

建物
1

建物
2

N

A 點

約 28 m

約 56 m

(d) 圖
陰影長度

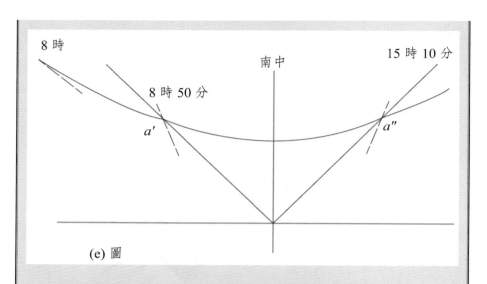

(e) 圖

考量日照時數之規劃時依據建築技術規則施工篇 23、24 條記載高度超過 21 m 之住宅及 36 m 之商業區建築應保持冬至日鄰地一小時日照。另考慮多至時之日照，建物之開口方向於高雄以向南偏東 15° 爲佳，臺北以南偏東 25° 最有利。

演練

計算題

7-1　如下圖爲某地區之水平面上之單位長，鉛直棒在多至時之桿影曲線圖 (b)。在同一地點如圖 (a)，有一棟長方體之建築物，求 A 點之日照時間？（假設此地多至時，日出爲 8 時，日落爲 16 時。）

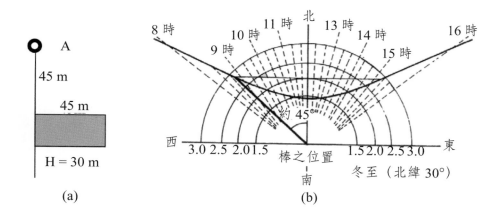

(a)　　　　　　　　　　(b)

選擇題

7-2 （　） 下列有關臺灣與福建地區建築物陰影之敘述何者錯誤？
(A) 建築物北向有永久陰影的可能　(B) 夏至時中午的日影最短　(C) 一般討論日照陰影以夏至日爲標準　(D) 建築物與南向採 45 度角配置可避免永久陰影。

7-3 （　） 有關桿影曲線之敘述何者錯誤？　(A) 桿影曲線可以人影代替桿子得到　(B) 桿影曲線對於討論建築物陰影長度有效　(C) 桿影曲線對於討論地表日照時數有效　(D) 因爲都是北半球，北京夏天之桿影曲線與臺北相同。

第八章　遮陽板設計

8.1 水平與垂直遮陽板設計

　　遮陽板的種類非常多樣化，這裡我們只能討論最基礎之不透光水泥板或其他材料製品，主要條件是絕對隔離光線。並且將遮陽板與建築物開口的關係分成水平與垂直，亦或是兩種混搭之情況爲敘述主題。如圖 8.1 及 8.2，最基本之水平與垂直遮陽條件，其立體圖可見遮陽板寬度與窗口平齊；遮陽板位於窗口的最上緣或一側邊緣。則不讓陽光射入窗內之最小遮蔽長度 d_h 成爲設計目標。且這個最小遮蔽長度是以在夏天某個令人感到最熱的時間點來規劃。因此，我們具有此時之太陽高度角 h，以及太陽方位角 A。另外，開口的方位變成在這樣的地區該設置多少長度之水平遮陽板的最後條件。因此，我們可以依據下式求得最小遮蔽長度 d_h：

$$S_h = d_h \tan h \sec \gamma$$

其中，γ 決定於建築物之方位，它等於 $A - \alpha$（窗面法線與正南夾角，如圖 8.3）而垂直遮陽最小遮蔽寬度 d_v：

$$S_v = d_v \tan \gamma$$

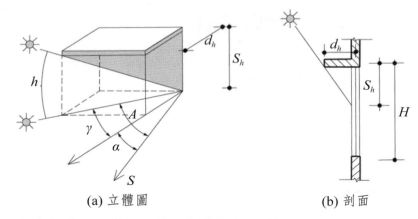

(a) 立體圖　　　　　　　　　　　(b) 剖面

圖 8.1　最基本之水平遮陽條件，水平遮陽之遮蔽高度為 S_h，窗口高度為 H

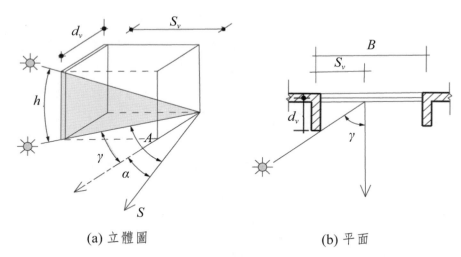

(a) 立體圖　　　　　　　　　　　(b) 平面

圖 8.2　最基本之垂直遮陽條件，垂直遮陽之遮蔽寬度為 S_v，窗口寬度為 B

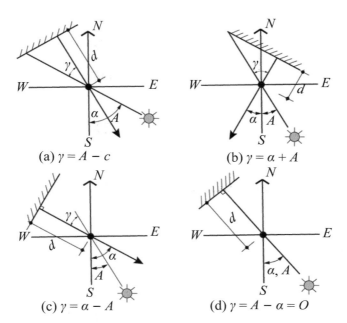

(a) $\gamma = A - c$

(b) $\gamma = \alpha + A$

(c) $\gamma = \alpha - A$

(d) $\gamma = A - \alpha = O$

圖 8.3 決定於建築物方位 γ 角之求法，注意 A 與 α 落於正南之左右同側則相減

【例題 1】

有一朝南窗口（高 1.6 m）需要完全遮蔽夏日直射陽光於太陽高度角 59.35°，太陽方位角 66.98° 之照射，求水平遮陽板在該時刻所需最小挑出長度？

解：由於窗口朝正南方向故 $a = 0, \gamma = A$

$$1.6 = d_h \tan59.35° \cdot \sec66.98°$$

$$d_h = 0.37\text{m}$$

8.2 過熱期之應用

在設計水平與垂直遮陽板時，可應用極投影圖顯示的範圍來設計一個可以將其完全遮蔽的水平與垂直遮陽板的合併體。因此，遮陽範圍如何表現於極投影圖上，必須要先弄清楚。如圖 8.4 可以了解遮蔽範圍與水平及垂直遮陽板的合併體的關係。一般有效溫度（ET，詳細內容記載於室內氣候章節）大於 25℃ 之範圍則稱為過熱期（overheated period），可以遮陽檢度規來設計遮陽板以避免過熱。如圖 8.5 中過熱期範圍顯而易懂，如何利用上述水平與垂直遮陽板的合併體來給予完全遮蔽，我們直接進入一個實例來說明之。首先，必須先將遮陽檢度規導入，如圖 8.6，遮陽檢度規必須被複製於透明膠片上，隨後剪下貼附於圖 8.5 中的極投影圖上，且圓心對圓心；這是第一個步

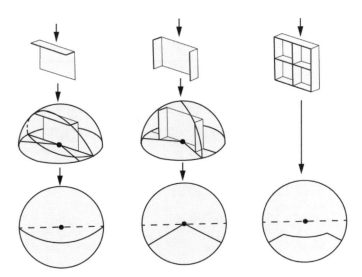

圖 8.4　可以藉由水平與垂直遮陽板的合併體來了解其在極投影圖上的遮蔽範圍

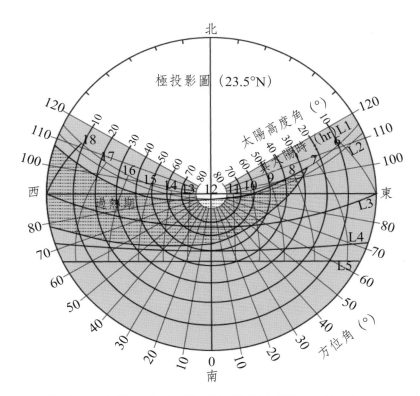

圖 8.5　大於 25°C 之範圍的過熱期由極投影圖來表示

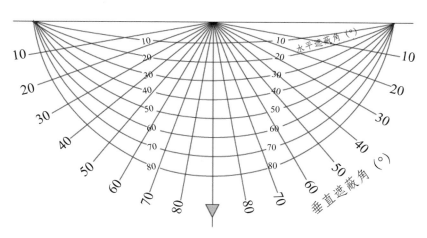

圖 8.6　遮陽檢度規必須被複製於透明膠片上，隨後剪下貼附於極投影圖上

驟。第二步驟是依據建築開窗的方位，將遮陽檢度規旋轉至與方位之法線相同的方向；依據此旋轉後兩圖重疊關係，來研究是否單以水平遮陽板便可以完全遮蔽過熱期落入遮陽檢度規的範圍？來決定是否必須設計為水平與垂直遮陽板的合併體？根據其水平遮蔽角 θ_h 或垂直遮蔽角 θ_v 來計算最小遮蔽長度 d_h 與最小遮蔽寬度 d_v 如下：

$$d_h = H \tan\theta_h$$
$$d_v = B \tan\theta_v$$
其符號代表如前。

【例題 2】

設計如下圖有一東南方向高度 H 之水平遮陽板，求板深？

解：查圖得 $q_h = 35°$，所需之 $d_h = \tan35°H = 0.7H$。

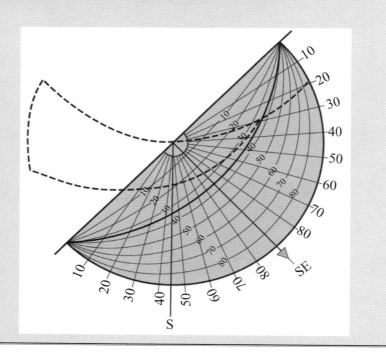

【例題3】

設計如圖一正南方向之格子遮陽板？

解：查圖得 $\theta_h = 40°$，$q_v = 25°$，

所需之 $d_h = \tan40°H = 0.84H$，$d_v = \tan25°B = 0.47B$

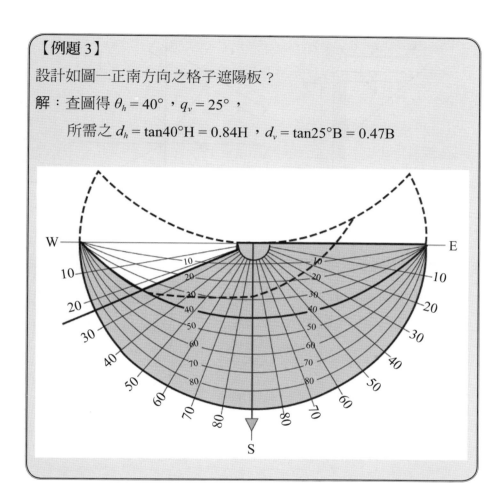

演練

計算題

8-1　有一朝南偏東 30° 之窗口需要完全遮蔽夏日陽光於太陽高度角 45°，太陽方位角 −60° 之照射。已知窗高 2 m，窗寬 1.5 m，求 水平遮陽板所需最小挑出長度？（$\gamma = |A| - \alpha$）

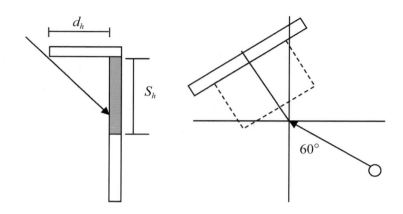

8-2 有一朝南窗口需要完全遮蔽夏日陽光於太陽高度角 60°，太陽方位角45°之照射，已知窗高2.0 m，窗寬2.4 m，牆厚不予考慮，求水平遮陽板所需最小挑出長度？

第九章　基礎聲學

9.1 聲音之大小

　　有關聲音之表示與單位必須與力學中的力與能量結合，聲音以空氣傳播稱為氣動傳音，在一般生活中除氣動傳音外另有所謂結構傳音。明顯的例子如雷聲，經過空氣傳遞到人耳，其傳播速度 c（m/s）= f（1/s）$\cdot$ λ（m），其中 f 表示頻率，λ 表示波長。在常溫下（15℃）聲音的傳播速度約為 340 m/s，而頻率與波長成反比。通常氣溫之影響較明顯，故 c（m/s）$\approx$ 331 + 0.6 $\cdot$ θ（℃）。結構傳音則因介質的複雜性而無固定傳播速率。聲音是以波動形式於介質中傳播，因此要給一個力量 P 才能使波被振起，進一步傳播。這個力量要多少通常取決於介質的密度 ρ（kg/m³），以及其彈性係數 k（kg/m $\cdot$ s²）。因此聲速與介質間也可以形成如下關係：$c（m/s）= \sqrt{k/\rho}$，由此可見，結構傳聲的速率是依介質特性而改變的。

　　這裡，這個讓空氣振起聲波的力量 P（pascal）便是聲音大小的衡量值，因為是以氣體方式呈現，我們就稱為壓力。人類耳膜可以感知的壓力約介在 20 μPa～200 Pa（0～140 dB，兩極值間相互為 10^7 倍）。而一般人可以感受到的最小壓力，我們稱為基礎聲壓，於 1000 Hz 之基礎聲壓約為 2×10^{-5} Pascal（Pa）= 20 μPa（$1\mu = 10^{-6}$）（1.0 Pa = 1.0 N/m² = 1/9.8 kg/m²，註：1 atm = 101325 Pa）。因此，它是一個非常細微的壓力，我們稱為聲壓（sound pressure, P）。

　　然而，我們方才提過，聲音的計量必須與力學中的力與能量結

合。因此振起聲波的力量乘以一個行進距離便形成了位能。所以聲音計量法中另一個計量方式就是能量，我們稱它為聲強（sound intensity, I）。單位面積所傳播之聲能（watt / cm^2 或 watt / m^2）。而基礎聲功率 = 10^{-12} watt / m^2。聲壓與聲強可以下列式子得到：

$$I = \frac{p^2}{\rho c} = \frac{W}{4\pi r^2}$$

其中，若將聲能以 watt 表示時，可以稱為聲功率（power），它與電聲音響或稱某聲源之能量有關。三者關係可以由上式串聯在一起。

【例題 1】

自一點音源其聲功率為 100 W，距離音源 10 公尺之接受者聲強及聲壓為若干？（令當時之聲速為 344 m/s）

解：因 $W = 100$ watt，$r = 10$ m

$$\therefore \quad I = \frac{W}{4\pi r^2} = \frac{100}{4\pi(10)^2} = 7.9 \times 10^{-2} \ W/m^2$$

$$P = \sqrt{\rho c I} = (1.2 \ kg/m^3 \times 344 \ m/s \times 7.9 \times 10^{-2} \ W/m^2)^{1/2}$$

$$= \sqrt{32.6} \ Pa = 5.71 \ Pa$$

在德國科學家韋柏（Weber-Fechner）表明心理量和物理量之間的關係是一個對數關係後，美國貝爾實驗室為了讓聲音的計量得以簡單化，且滿足韋柏定理中心理量和物理量之間的關係，於是聲壓、聲強與聲功率有了一個統一的單位，稱為「分貝（deci-Bel, dB）」。它們的關係式如下：

$$L_p = 20\log_{10} \frac{P}{P_0}$$

聲壓級（sound pressure level, Lp or SPL）；P_0 基準聲壓 $= 2 \times 10^{-5}$ Pa

$$L_I = 10 \log_{10} \frac{I}{I_0}$$

聲強級（sound intensity, LI）；I_0 基準聲強 $= 10^{-12}$ watt/m^2

（於空氣介質中，常溫狀態下，$L_p \doteqdot L_I$）

$$L_W = 10 \log_{10} \frac{W}{W_0}$$

聲功率級（sound power, L_w）；W_0 基準聲功率 $= 10^{-12}$ watt（多爲電器音響使用）

【例題 2】

當聲壓變成兩倍，dB 值增加多少？

解：$\Delta SPL = 20 \log_{10} \dfrac{2P}{P_0} - 20 \log_{10} \dfrac{P}{P_0}$

$\qquad = 20 \log_{10} 2 = 20 \times 0.301 = 6 \, dB$

【例題 3】

當聲強變成兩倍，dB 值增加多少？

解：$\Delta L_i = 10 \log_{10} \dfrac{2I}{I_0} - 10 \log_{10} \dfrac{I}{I_0}$

$\qquad = 10 \log_{10} 2 = 10 \times 0.301 = 3 \, dB$

9.2 聲量級之加成

由於分貝是由不同計量法透過與基準值之間的比率取對數後得到，因此，在進行加成或減去等計算時，必須以對數之加減則來進行，如兩聲壓級 L_{p1} 與 L_{p2} 之加減則如下：

$$L_{PT} = 10\log(10^{Lp_1/10} \pm 10^{Lp_2/10})$$

如遇相同聲壓級之加成時計算如下：

$$L_{PT} = 10\log(\sum_{j=1}^{n} 10^{Lpj/10})$$

【例題 4】

有 83 dB 的噪音源 3 個，共量測得聲壓級若干？

解：$L_{PT} = 10\log(10^{8.3} + 10^{8.3} + 10^{8.3}) = 87.77 \ dB$

因此，在聲壓級加成部分，由於透過對數進行加總計算，遇等量聲壓級加成時可以得到最大的增量，此現象如圖 9.1 可知，兩兩相加結果以 3 dB 之增量為最高。

因此，有 n 個相同聲量之聲源合成時計算式如下：

$$L_{PT} = 10\log n + L_p$$

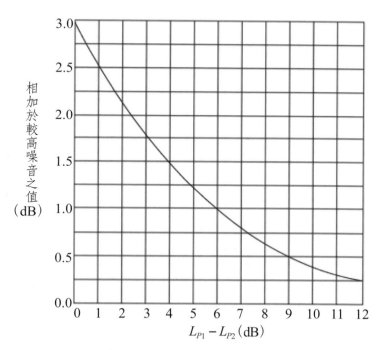

圖 9.1 依據聲壓級兩兩相加時兩者之差量來觀察增量之結果

【例題 5】

有 10 部揚聲器發聲功率相同，且同時發聲時量測得到聲功率級為 94 dB，求每一部揚聲器之聲功率級為何？又在同一地點，欲得到 90 dB 之聲功率級時，需置入多少部揚聲器？

解：反求單顆揚聲器之功率級時，直接代入上式

$$L_{PT} = 10\log(10^{\frac{L_{P1}}{10}} + 10^{\frac{L_{P2}}{10}} + \cdots + 10^{\frac{L_{pn}}{10}})$$

$$94 = 10\log(10 \times 10^{\frac{L_{p1}}{10}}) = 10\log 10 + 10 \cdot \frac{L_{p1}}{10}\log 10 \Rightarrow L_{p1} = 84 \ dB$$

反之，在廳堂內要求設計定額之聲功率級，亦可以相同方式

求得

$$90 = 10\log(n \times 10^{\frac{84}{10}}) = 10\log n + 10\log 10^{\frac{84}{10}} = 10\log n + 84$$

$$10\log n = 6 \Rightarrow n = 3.98 \cong 4$$

9.3 聲音之衰減

假設於點聲源位置前一公尺可測得之聲功率級為 L_w 時,則於距離為 r 之 P 點位置上,不考慮其他任何吸音時(自由聲場),可測量到之聲功率級可依據下式得到:

$$L_P = L_w - 10\log 4\pi r^2$$

或者是分別相距於點聲源距離 r_1 與 r_2 之兩個位置上,若距離為 r_1 之量測值是 Lp_1,則位於距離為 r_2 之量測值 Lp_2 應該為:

$$L_{P2} = L_{P1} - 20\log \frac{r_2}{r_1}$$

【例題 6】

某飛行器之引擎聲功率為 100 W,假設為球型輻射聲能.且無其他聲衰減因素,問升空後達 300 m 之飛行高度時,地面測得之瞬間聲壓級為何?

解:$L_P = L_W - 20\log r - 10\log 4\pi$

$\qquad = 10\log \dfrac{100}{10^{-12}} - 20\log 300 - 11 \approx 79.5 \; dB$

除距離之衰減以外,聲音能量更容易被空氣中的水分子或其他物

質，如植物、雨雪霧、大氣擾動、隔音牆等所阻礙。這裡我們提供一個在 20℃，1 atm 下空氣吸收之衰減預測爲

$$Ae = 7.4\frac{f^2 r}{\phi}10^{-8}\ (dB)$$

其中，f：音頻（Hz）；r：距離（m）；ϕ：相對濕度（%）

【例題 7】

1000 Hz 純音傳送 305 公尺，在 20℃ 相對濕度爲 10% 時，空氣吸收（不考慮距離衰減）之衰減預測爲何？

解：$Ae = \dfrac{7.4 \times (10^3)^2 \times 305}{10} \times 10^{-8} = 2.257\ dB$

9.4 聲音頻率

聲音頻率與前述的比視感度有著非常緊密的生理關聯。人的內耳是一個精密的聲音接受器，耳蝸（cochlea）上的纖毛細胞（hair cell）構造是決定人類可聽頻率範圍（20 Hz～20 kHz）的由來。它們是一群排列整齊，佇立於螺旋器（Corti）內的薄膜（membrane）上，約有 3600 個聽細胞的精密神經，負責從最低頻到最高頻的聲音訊號轉換。因此，人的可聽頻率範圍完全是根源於生理構造。科學家發現這樣的現象，並以赫茲（Hertz, Hz）來作爲音高（pitch）的單位。此外，由於音頻在 20 Hz～20 kHz 之間很難準確去捕捉它的特性，所以利用音樂中八度音程（octave band）的分割方式來進行分段。如表 9.1

所示，在一分之一八度音程（1/1 octave band）上共分為 11 個分段及上、下的遮斷頻率 f_1, f_2（cut-off frequency），且每個分段各自有一個中心頻率（center frequency, f_0）。然而它們上、下之間有一個非常緊密的關係，此關係如下：

$$f_0 = \sqrt{f_1 \cdot f_2}$$

此關係可以由表 9.1 中讀出所有數據。另外，將一分之一八度音幅（1/1 octave band）可以再細分成三分之一等份；我們稱之為三分之一八度音幅（1/3 octave band）。這個三分之一八度音幅的上、下遮斷頻率與中心頻率也完整列入表 9.1 中，提供參考。然而音幅的上、下遮斷頻率與頻寬更可以計算如下：

$$f_2 = 2^n \cdot f_1$$

$$\Delta f = f_1 - f_2 = f_0(2^{\frac{n}{2}} - \frac{1}{2^{\frac{n}{2}}}) = \beta f_0$$

其中 $n = 1 \rightarrow \beta = 0.707$

$n = \frac{1}{3} \rightarrow \beta = 0.231$

由上式可知，音幅的上、下遮斷頻率與中心頻率確實有著密不可分的關係。此外，如圖 9.2，一分之一八度音幅與三分之一八度音幅在頻寬上有著 3：1 的關係外，事實上，以數位濾波器（filter）來切割頻率時，在遮斷頻率以外，上、下均留下少許能量的頻帶外音頻訊號，此稱為裙帶關係。因此，我們俗稱的遮斷頻率其實是很難準確且完整的切割。只有高精密之濾波器才能夠較比直的切斷，這個切斷的斜率稱之為滾落頻率（running off frequency, dB/octave）。滾落頻率愈大，表示裙帶關係（aliasing）愈微弱，且切割頻率愈完整。

表 9.1　音幅的上、下遮斷頻率與中心頻率

八度音幅 頻帶號數	三分之一八度音幅					
	下限頻率（Hz）	中央頻率（Hz）	上限頻率（Hz）	下限頻率（Hz）	中央頻率（Hz）	上限頻率（Hz）
12.	11	16	22	14.1	16.0	17.8
13.				17.8	20.0	22.4
14.				22.4	25.0	28.2
15.	22	31.5	44	28.2	31.5	35.5
16.				35.5	40.0	44.7
17.				44.7	50.0	56.2
18.	44	63	88	56.2	63.0	70.8
19.				70.8	80.0	89.1
20.				89.1	100.0	112.0
21	88	125	177	112.0	125.0	141.0
22.				141.0	160.0	178.0
23.				178.0	200.0	224.0
24.	177	250	355	224.0	250.0	282.0
25.				282.0	315.0	355.0
26.				355.0	400.0	447.0
27.	355	500	710	447.0	500.0	562.0
28.				562.0	630.0	708.0
29.				708.0	800.0	891.0
30.	710	1000	1420	891.0	1000.0	1122.0
31.				1122.0	1250.0	1413.0
32.				1413.0	1600.0	1778.0
33.	1420	2000	2840	1778.0	2000.0	2239.0
34.				2239.0	2500.0	2818.0
35.				2818.0	3150.0	3548.0
36.	2840	4000	5680	3548.0	4000.0	4467.0

八度音幅	三分之一八度音幅					
頻帶號數	下限頻率（Hz）	中央頻率（Hz）	上限頻率（Hz）	下限頻率（Hz）	中央頻率（Hz）	上限頻率（Hz）
37.				4467.0	5000.0	5623.0
38.				5623.0	6300.0	7079.0
39.	5680	8000	11360	7079.0	8000.0	8913.0
40.				8913.0	10000.0	11220.0
41.				11220.0	12500.0	14130.0
42.	11360	16000	22720	14130.0	16000.0	17780.0
43.				17780.0	20000.0	22390.0

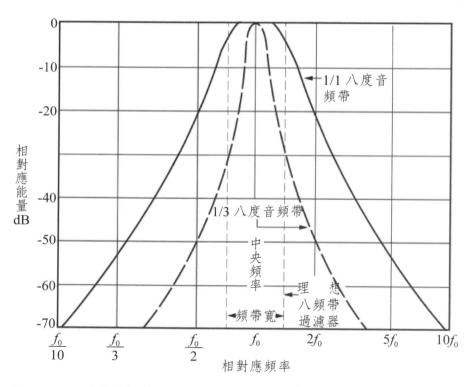

圖9.2　1/1 八度音幅與 1/3 八度音幅在頻寬上有著 3：1 的關係

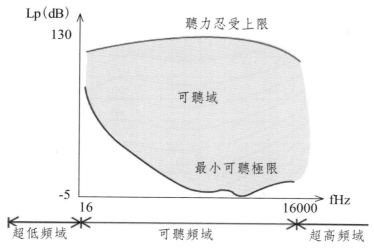

圖 9.3　人耳的可聽頻率範圍與音量的大小範圍

9.5 心理音響

於 9.4 節中我們了解，人耳的可聽頻率範圍（20 Hz～20 kHz）決定了人的聽世界，且在不同頻率對於音量的大小感覺有很大的差異。如圖 9.3 顯示，生活的音頻範圍約在 16 Hz～16000 Hz 之間，耳膜能承受的最大聲壓級（約 130 dB）就廣泛音頻來說，可以說是平坦的，但是在寂靜時的最小可聽聲壓級則有很大的差異。在可聽域中最難聽與最易聽之間可以有約 90 dB 的移動範圍。這個最易聽的範圍約在 3～5 kHz 之間；而最難聽則落在 20 Hz。因此，將這個可聽聲壓級與頻率的關係由可聽範圍（圖 9.3）中以 1000 Hz 為基準，10 dB 為間隔的曲線關係逐一繪製成圖 9.4。這個曲線圖便是著名的等響曲線圖。等響意指在同一條曲線上的每個頻率上聽到的音量相等。於是

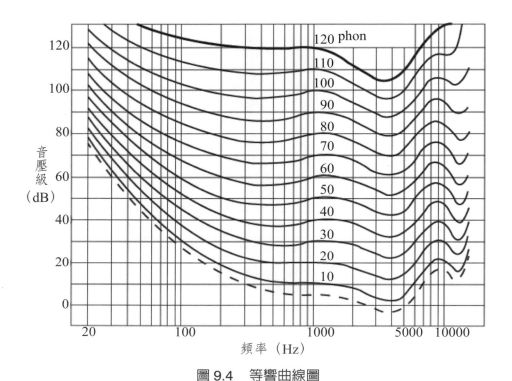

圖 9.4　等響曲線圖

以 1000 Hz 為基準的聲量級來量化每條曲線稱為「響度」（loudness）的心理聲量系統。且以「phon」作為其單位。而國際公認的調整校音曲線中的 A 加權（A-weighting）便是以 40 phon 的曲線來進行校正的。這個響度單位雖然簡單好用，不過它存在一個最基本的矛盾，我們從圖 9.4 可以發現最小可聽曲線通過 1000 Hz 時，顯示為 5 phon 左右；而代表人耳可聽音量的響度在 1000 Hz 的最小值卻非 0 phon。這個瑕疵使得代表人耳在不同頻率對於音量的大小感覺關係曲線產生另一個計量系統。我們稱這個新系統的響度單位為「sone」。它是以心理物理學中的恆常法實驗所歸納出來的響度系統；它以 40 phon 的曲線作

爲基準令其爲「1 sone」，以音量的比率值進行實驗而得到的計量法。即 1 sone 的二分之一或兩倍的音量來引導受測者歸納出它的數據位置。而「phon」與「sone」之間有固定的關係如下：

$$L = 2^{(LL-40)/10}$$

其中，L 表示「sone」的數據，而 LL 表示「phon」的數據。而 Stevens（1906-73）提出了如何以測量得到之噪音量來轉換爲響度，如下：

$$S_t = S_m(1-F) + F\sum_{j=1}^{n} S_j$$

其中，S_t：總響度

S_m：查表最大響度值（圖 9.5）

S_j：各頻率量測聲壓

F：頻帶校正係數

(1/1)octave:0.30

(1/3)octave:0.15

【例題 8】

有一 1/3 八度音聲壓級測得如下，求其響度？

因以 1/3 八度音測得，修正係數 F 以 0.15 代入

解：$\sum_{j=1}^{24} S_j = 297.7$

$S_m = 17\ sones$

$\therefore S_t = 17(1-0.15) + 0.15(297.7)$

$\qquad = 59.1\ sones$

$59.1 = 2^{(LL-40)/10}$

$\therefore LL = 99\ phon$

1/3 八頻帶中央頻率 （Hz）	頻帶音壓級 （dB）	響度指標 （Sones）
50	87.5	10
63	86	9.5
80	83	10
100	83	11
125	81	10
160	80	9.8
200	84.7	14
250	83.5	14.5
315	79.5	11.5
400	79.5	12.2
500	81	15
630	82.2	17
800	80.5	16
1000	76.7	13.2
1250	77	14
1600	75.5	13.5
2000	72	11.5
2500	70.5	11.5
3150	69.7	11.5
4000	68.3	11.5
5000	68.6	12.5
6300	67.5	12.5
8000	67.8	13.5
10000	68.1	10

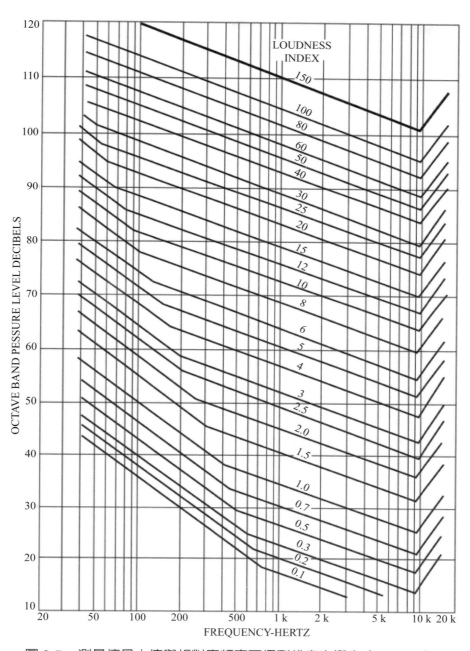

圖 9.5　測量值最大值與相對應頻率可得到代表之響度（Stevens）

9.6 建築聲學材料

聲學材料是指對於建材本身的聲學特性表現在吸音、隔音兩大領域的基礎知識而言；其控制目的在於確切掌握空間的聲學品質，因此本章節從吸音率定義到室內迴響時間的計算，將作有系統的介紹。首先我們應該針對吸音率的定義作解釋；在圖 9.6 中，聲能以具有方向性的聲強符號來表示，我們可以把聲能入射到材料前的能量以 I_i 來表示，於是入射到材料甚至能量穿越板材，在板材後方再以表面放射方式傳遞出去，形成穿越聲能 I_t 及被材料吸收的部分 I_a，最後必須再加上一個入射於板材表面後彈開的部分 I_r；它們之間的關係可以寫成：

$$I_i = I_a + I_t + I_r$$

而吸音率則變成 $\alpha = \dfrac{I_a + I_t}{I_i}$，且反射率則爲 $\tau = \dfrac{I_t}{I_i}$。

在能量僅考慮聲能與材料間關係時，以上的算式便可成立。而空間的內部表面材各自有施作的面積 S_i，以及其各自的吸音率 α_i；因此如果空間的內部表面材總共有 m 項。則其空間建材的總吸音力爲：

$$A = \sum_{i=1}^{m} \alpha_i S_i + A_0$$

其中，A_0 表示其他非固定吸音體之吸音力，如人員及家具等。

在同一空間，各種面材的平均吸音率形成一個重要的空間聲學規劃參數，其計算如下：

$$\bar{\alpha} = \frac{A}{\sum S}$$

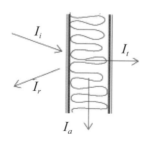

圖 9.6　聲能的入射、反射、吸收及穿越各部之符號表示

　　各種材料之吸音率有各自的吸音頻率特性，且板材背後空氣層對於吸音頻率與吸音率的變化非常明顯，如表 9.2，夾板厚度與背後空氣層之間的變化，可以提供建築聲學設計師非常有彈性的設計空間。

表 9.2　不同建築材料之間吸音率在不同中心頻率間的差異比較

材料及其他安裝情況	吸音係數 α					
	125Hz	250Hz	500Hz	1000Hz	2000Hz	4000Hz
平板玻璃	0.18	0.06	0.04	0.03	0.02	0.02
混凝土（水泥抹面）	0.01	0.01	0.02	0.02	0.02	0.03
磨光石材（大理石等）磁磚	0.01	0.01	0.02	0.02	0.02	0.03
塑料地面（混凝土基層）	0.01	0.01	0.02	0.02	0.03	0.03
木地板（有龍骨架空）	0.15	0.12	0.10	0.08	0.08	0.08
石膏板（9～12厚，後空45）	0.26	0.13	0.08	0.06	0.06	0.06
木夾板（厚6，後空45）	0.18	0.33	0.16	0.07	0.07	0.08
木夾板（厚6，後空90）	0.25	0.20	0.10	0.07	0.07	0.08
木夾板（厚9，後空45）	0.11	0.23	0.09	0.07	0.07	0.08
木夾板（厚9，後空90）	0.24	0.15	0.08	0.07	0.07	0.08
鋁塑板（厚6）	0.03	0.04	0.03	0.03	0.06	0.08
岩棉噴塗（12厚）	0.05	0.12	0.37	0.55	0.68	0.70
岩棉噴塗（25～30厚）	0.13	0.35	0.85	0.90	0.88	0.88
木條吸音結構（木條寬30，後90，空隙10，後襯玻璃布，玻璃棉厚50，空氣層40）	0.69	0.70	0.68	0.62	0.50	0.50

材料及其他安裝情況	吸音係數 α					
	125Hz	250Hz	500Hz	1000Hz	2000Hz	4000Hz
軟質泡沫塑料（3～5 厚）	0.02	0.05	0.10	0.15	0.25	0.55
吊頂：預製水泥板（厚 16）	0.12	0.10	0.08	0.05	0.05	0.05
舞臺聲音反射罩（九夾板）	0.18	0.12	0.10	0.09	0.08	0.07
吊頂（27 mm 木板）	0.16	0.15	0.10	0.10	0.10	0.10
毛地毯（10 厚）	0.10	0.10	0.20	0.25	0.30	0.35
吸聲帷幕（0.25～0.30 kg/m², 打雙摺，後空 50～100）	0.10	0.25	0.55	0.65	0.70	0.70
舞臺口	0.30	0.35	0.40	0.45	0.50	0.55
燈光口（內部反射性）	0.10	0.15	0.20	0.22	0.25	0.30
燈光口（內部吸聲性）	0.25	0.40	0.50	0.55	0.60	0.60
通風口（送、回風）	0.80	0.80	0.80	0.80	0.80	0.80
座椅（泡沫塑料填芯，外包人造革）	0.20	0.18	0.30	0.28	0.15	0.05
人坐椅上（椅同上）	0.20	0.20	0.33	0.36	0.38	0.39
木椅（教室用）	0.02	0.02	0.02	0.04	0.04	0.03
人坐木椅上	0.10	0.19	0.32	0.38	0.38	0.36
穿孔石膏板吸聲結構 9.5 mm 厚，穿孔率 8%，空腔 5 cm 石膏板後貼桑皮紙	0.17	0.48	0.92	0.75	0.31	0.13
9.5 mm 厚，穿孔率 8%，空腔 36 cm 石膏板後貼桑皮紙	0.58	0.91	0.75	0.64	0.52	0.46

9.7 空間迴響時間

迴響時間（reverberation time）是空間聲學中最具代表性的參數，一般稱迴響時間就是當聲源發聲停止後，聲能衰減開始至原來能量之百萬分之一所需的時間；亦即聲能衰減 60 dB 所需之時間（T_{60}）稱之。

如圖 9.7，聲源在衰減開始的時間點至衰減 60 dB 所需之時間是迴響時間理想的定義。在眞實量測中，以衰減 5dB 所需時間的早期衰減時間（early decay time, EDT）或一般空間使用之迴響時間 T_{30}（s）等。根據空間聲學特性選擇應該測試的迴響參數是聲學顧問非常重要的任務。

於是於 1918 年 Sabine 發表了空間的迴響時間預測式，這個計算由來是經過 Sabine 遍訪歐洲各大教堂測試結果，與空間總吸音力的關係得到的，計算如下：

$$T_{60} = \frac{kV}{A} \quad (k = 0.164)$$

建築聲學設計於是走入數據化預測的旅程。然而，空間迴響時間需視空間機能來規劃，於是有如圖 9.8 之類的室容積與最適迴響時間的關係圖。

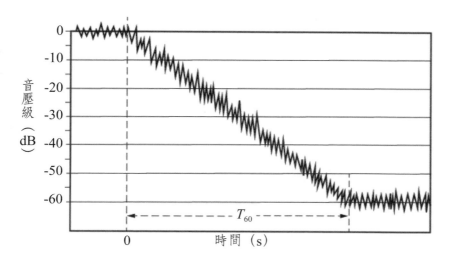

圖 9.7　理想之聲音衰減曲線與迴響時間（T_{60}）之示意圖

【例題 9】

臺中一中康樂館之內裝各部吸音係數（500 Hz）與各部面積以 Sabine 迴響式求 500 Hz 之預期迴響時間？

解：沖孔吸音板　　0.54　　400 m² →　　0.54 · 400 = 216.0

　　防撞牆　　　　0.40　　33　　 →　　0.40 · 33 = 13.2

　　岩棉天花板　　0.75　　1460　→　　0.75 · 1460 = 1095.0

　　其他 RC 牆面，窗框與地板吸音力 21.2

　　總吸音力 A = 21.2 + 216 + 13.2 + 1095 = 1345.4

　　室容積約 9800 m³

　　故迴響時間預估為 T_{60} = (0.164 · 9800)/1345.4 = 1.20 秒

在 Sabine 遍訪歐洲各大教堂發表了著名的迴響時間預測式之後，在應用上普遍發現 Sabine 的迴響式在高吸音率或小容積空間預測時發生失敗。於是 Eyring 提出利用空間聲音能量的衰減式可以推導出類似 Sabine 的迴響式，推導過程如下：

衰減式如右：$D = \dfrac{4 \cdot P}{C \cdot A}(1 - e^{-\frac{C \cdot A}{4V}})$

聲音反射次數 /s：$n = \dfrac{C}{4V/S}$

假設衰減後能量：$E = E_0(1-\overline{\alpha})^n = E_0(1-\overline{\alpha})^{\frac{C}{4V/S}}$

$$\therefore \Delta L_E = 10\log\frac{E_0}{E} = 10\frac{C}{4V/S} \cdot \log\frac{1}{1-\overline{\alpha}} \, (dB/\sec)$$

將聲速 C 代入 $C = 340 \, m/s \Rightarrow \Delta L_E = 850\frac{S}{V} \cdot \log\frac{1}{1-\overline{\alpha}}$

$$\therefore T_{60} = \frac{60}{\Delta L_E} = \frac{60}{850}\frac{V}{S}\frac{1}{-\log(1-\overline{\alpha})} = \frac{0.0706 \cdot V}{-S \cdot \log(1-\overline{\alpha})}$$

$$= \frac{0.164 \cdot V}{-S \cdot \ln(1-\overline{\alpha})}$$

空間聲音能量的衰減過程如圖 9.8，指數式分別代表聲音於空間內的成長、穩定及衰頹過程。

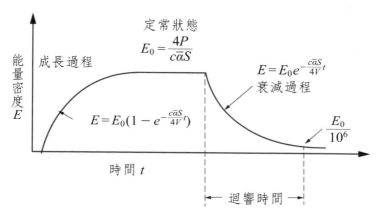

圖 9.8　空間聲音能量的成長與衰減過程

另外由 Eyring 與 Knudsen 共同發表之迴響式，是將 Eyring 的迴響式再考慮空氣中水分子的吸收所作的修正式如下：

$$T_{60} = \frac{0.164V}{-S\ln(1-\overline{\alpha}) + 4mV}$$

其中 m 表圖 9.9 中的空氣衰減率，它隨聲音的頻率而改變，且大都集中於高頻率部分。

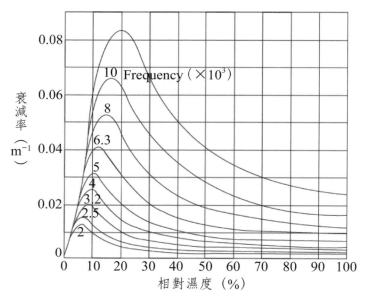

圖 9.9　空氣中聲能的衰減率與相對濕度的關係

9.8 空間建築聲學設計

在展演或運動設施中的建築聲學設計除上述迴響時間是一個基本的要求外，建築聲學設計已經延伸至以雙耳聆聽的音質要求上。所謂雙耳聆聽即為現代聲學最新趨勢，也是環繞音響對聽者形成聲音定位（sound localization）的理論基礎。早在 1972 年，Damaske 與 Ando 便發表以雙耳互函數（interaural crosscorrelation function, IACF）來評估音樂廳中某聽眾在廳堂某位置上聽取的空間感（俗稱臨場感或主觀擴散音感）。而這個經過計算可以得到的相關量化就是目前設計音樂廳的重要參數：雙耳互函數級數（the magnitude of IACF, IACC）。

在 Damaske 與 Ando 發表後兩年，便由 Schroeder 、Gottlob，與 Siebrasse 三位學者以 IACC 作為評估參數，比較及測試歐洲多數的音樂廳，並驗證 IACC 是音樂廳音質優缺評估的重要參數（IACC 值愈低，主觀擴散程度愈佳）。本書作者（收錄於 2005 年臺灣聲學學報第 11 卷）曾實際以臺灣中部的鹿港龍山寺戲亭作為研究對象，發現在戲亭為主的圍繞空間中，由於兩側廂廊裡的柱列形成在這附近擁有良好的雙耳互函數級數。也就是說，透過柱列與兩側廂廊的雕塑牆面，將柱廊空間形成一個良好的主觀擴散區域（如圖 9.10）。由此觀之，新北市板橋林家花園內的方鑑齋戲亭中只留下圍繞這個戲亭的廂廊作為觀戲區域是否與此有關。

　　空間聲學設計基本上除音質掌握以外便是噪音與電聲系統的設計要求，在本書第 10～12 章分別陳述。

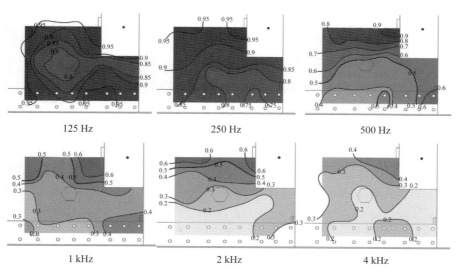

圖 9.10　臺灣中部的鹿港龍山寺前院左半側之雙耳互函數級數的分布圖

註：各頻率 IACC 分布等高線圖中右上角區域即為南管演奏之戲亭範圍

演練

計算題

9-1 有一點聲源聲功率為 200 W，距聲源 30 公尺處接受之聲強及聲壓為何？求出聲壓後並換算成以分貝（dB）表示之聲壓級。（假設聲音傳播速度為 340 m/s，且空氣之密度為 1.23 kg/m³）

9-2 教堂舞臺上方有 4 個主揚聲器在運作，其聲功率級分別為 78、80、86 及 90 分貝（dB）試算此 4 個主揚聲器在教堂中同樣之測點的總聲量為何？

9-3 請試估計 40 phon 之響度以 sone 表示時為多少？

9-4 1/3 八度音程中下限頻率若為 224 Hz 時其上限頻率為何 Hz？

選擇題

9-5 （　）在常溫與常壓環境下，以下有關以空氣為介質的聲音敘述何者不正確？　(A) 在無反射面（自由）空間中，聲強與音源距離平方成反比　(B) 量測聲壓增加為原來的兩倍時，等於聲壓級增加了 3 分貝　(C) 在無反射面（自由）空間中，聲壓平方與聲強成正比　(D) 聲強與聲功率均可看成一種位能現象。　　　　　　　　　　　　　　（100 年）

9-6 （　）在無反射面（自由）聲場環境下，下列有關聲音之合成與分解何者正確？　(A) 個別之 2 個聲源聲壓差愈大，合成後之總聲壓量增加愈多　(B) 在背景噪音為 40 分貝下量測到 85 分貝之聲壓時，其對象聲源聲壓級為 45 分貝　(C) 所有聲音在加成後必使聲壓增加　(D) 相同聲功率之揚

聲器 3 個同時使用情形下，總聲壓級不超過單一揚聲器聲
功率 5 分貝以上。

9-7 （ ）下列有關八度音程的敘述何者不正確？ (A) 是國際聲音
頻率之標準分割方式 (B) 一般國際通用有 1/1 與 1/2 八度
音程之分 (C) 中心頻率等於上下切割頻率積之方根 (D)
依 1/1 八度音程中心頻率在 250 Hz 之後是 500 Hz。

9-8 （ ）下列有關「人耳最小可聽曲線」的敘述何者不正確？ (A)
指人耳可以聽到之各種頻率的最小音量 (B) 是建立響度
（loudness）的基礎 (C) 最低處表示人耳最敏感的頻率位
置 (D) 往低頻率範圍音量增加表示聽感愈好。

9-9 （ ）下列有關沙賓（Sabine）餘（殘）響式的敘述何者不正確？
(A) 它是由歐洲教堂建築研究得到 (B) 餘響時間與室容
積成正比 (C) 沙賓式的計算在大空間中較不適用 (D)
Knudsen 殘響式是將空氣吸收考慮在內沙賓式之改良。

9-10 （ ）有關音樂廳之舞臺反射板設計的敘述，下列何者錯誤？
(A) 舞臺反射板所圍繞之空間大小，需考慮表演團體的規模
及布置 (B) 舞臺反射板主要是考慮將聲音反射至觀眾席
(C) 舞臺反射板對於樂團團員間演奏之聽感有幫助 (D) 舞
臺反射板之材料密度愈小愈好。 （102 年）

9-11 （ ）某建築吸音材，其反射能為入射能的五分之一，透射能為
入射能的五分之二，則其吸音係數為何？ (A) 0.8 (B)
0.4 (C) 0.2 (D) 0.6。 （102 年）

9-12 （ ）有關等響曲線的敘述，下列何者錯誤？ (A) 行政院環境
保護署將等響曲線用於制定環境噪音管制標準 (B) Phon

是依據 1000 Hz 純音通過之等響曲線的聲壓級制定的 (C) 低頻帶部分人耳對噪音聲壓級的反應較高頻遲鈍 (D) sone 是依據 1000 Hz 純音 40 dB 為基準，以心理聲量大小之倍數制定的。 （102 年）

9-13 （ ） 對於線音源特性，如高速公路，假設於其旁 50 公尺測得之噪音約為 70 dB(A)，則 100 公尺處之噪音約為多少 dB(A)？ (A) 70 dB(A) (B) 67 dB(A) (C) 64 dB(A) (D) 35 dB(A)。 （100 年）

9-14 （ ） 有關建築聲學之敘述，下列何者錯誤？ (A) 環繞音效是人對不同方向的聲音感知 (B) 左右耳朵聽進的聲音有時差或量差才有環繞音效 (C) 在歐洲大教堂內聽演唱比在一般小型音樂廳適合 (D) 人對聲音的空間定位決定於聲音進入雙耳的差異性。 （103 年）

9-15 （ ） 有關音響之敘述，下列何者錯誤？ (A) 建築音響通常以 125 Hz～2 kHz 為探討範圍 (B) 響度級（phon）表示音量之大小 (C) 響單位（sone）表示純音音量之感覺單位 (D) 韋伯‧費科納定律表示感覺與刺激成對數比之關係。 （101 年）

9-16 （ ） 有關音響之敘述，下列何者錯誤？ (A) 音調隨音頻之大小而變化 (B) 音之大小隨音波之強弱而變化 (C) 音色主要受到音之波形而變化 (D) 音之大小與頻率無關。 （100 年）

9-17 （ ） 有關室內空間之平均吸音率的敘述，下列何者錯誤？ (A) 室內之平均吸音率愈高，室內之迴響（餘響）時間愈低

(B) 平均吸音率之單位爲分貝（dB）　(C) 均吸音率是室內空間總吸音力與室內空間總表面積的比值　(D) 室內空間總吸音力爲室內各材料之吸音率乘以各材料面積之總和。

9-18 (　) 有關聲音傳播受阻因素之敘述，下列何者錯誤？　(A) 地面吸音是戶外音量吸收因素之一　(B)在室內聲音傳播中，低頻比高頻易被空氣吸收　(C) 氣溫是影響聲音傳播的因素之一　(D)聲音傳播透過固體表面放射是傳播途徑之一。

9-19 (　) 下列關於建築音響之敘述，何者錯誤？　(A) 正常聽力的人，其對於聲音感覺到的頻率範圍爲 20～20000 Hz　(B) 依照韋伯定律（Weber Fechner Law），人對於聲音感覺量的大小與音壓之平方根成正比　(C) 餘響時間爲室內音成穩定狀態後停止音源，室內平均音壓級衰減 60 dB 所費之時間　(D) 隔音構造採用雙層構造會產生音橋現象。

（97 年）

9-20 (　) 聲音頻率 100 Hz 之波長與頻率 200 Hz 之波長相比較，兩者波長差多少？（聲音速度爲 340 m/sec）　(A) 2.7 m　(B) 1.7 m　(C) 3.4 m　(D) 1.0 m。　　　　　　（97 年）

9-21 (　) 於室內，時刻 t = 0 時發出聲音，當室內音場呈穩定狀態後，時刻 t = ts 時停止聲音。有關室內音響能量密度從上升至衰減過程之表示，下圖中何者正確？但室內音場爲擴散音場。

（97 年）

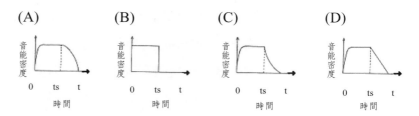

9-22（　）進行大型音樂廳設計時，有關中頻域之滿席餘響時間的敘述，下列何者適當？　(A)2.5 秒　(B)2.0 秒　(C)1.5 秒　(D)1.0 秒。　　　　　　　　　　　　　　　　　　（98 年）

9-23（　）有關房間條件之組合，餘響時間何者最長？　(A) 室容積：3,000 m³，室內表面積：1,500 m²，平均吸音率：0.5　(B) 室容積：3,000 m³，室內表面積：1,500 m²，平均吸音率：0.3　(C) 室容積：2,000 m³，室內表面積：1,500 m²，平均吸音率：0.5　(D) 室容積：1,000 m³，室內表面積：750 m²，平均吸音率：0.3。　　　　　　　　　　　　　　　（98 年）

第十章　吸隔音材特性

10.1 吸音構造

　　建築之吸音構造在現今日新月異的時代裡已經非常多樣化，從板材到薄膜（利用塗料乾燥原理）；從泡棉到金屬發泡材，可以說是充滿無法預料的多元（表 10.1）。如果我們將共振腔構造也算進來，事實上建築師與室內設計師可以有非常大範圍的創作空間。以下我們必須以吸音頻段的區分方式來介紹吸音構造，並透過此種區分方式讓聲學家也能夠方便地利用它來規劃迴響時間。這裡我們依據吸音頻段的區分方式將吸音構造區分為：

1. 多孔性材料（porous）── 中高頻。
2. 板、膜吸音材（membrane）── 中低頻。
3. 亥姆霍茲共振腔（Helmholtz resonator）── 特定頻段。

　　以上中頻指 500 Hz 上、下之頻率區間，在 1 kHz 以上稱高頻，而 250 Hz 以下稱低頻。

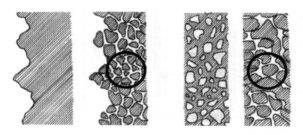

圖 10.1　多孔性吸音材料的判定（僅第二及四項屬之）

表 10.1　多樣化的吸音構造例

名稱	示意圖	例子	主要吸聲特性
多孔材料		礦棉、玻璃棉、泡沫塑料、毛氈	本身具有良好的高中頻吸收，背後留有空氣層時還能吸收低頻
板狀材料		膠合板、石棉水泥板、石膏板、硬質纖維板	吸收低頻比較有效
穿孔板		穿孔膠合板、穿孔石棉水泥板、穿孔石膏板、穿孔金屬板	一般吸收中頻，與多孔材料結合使用時吸收中高頻，背後留有大空腔還能吸收低頻
成型天花吸聲板		礦棉吸聲板、玻璃纖維板、軟質纖維板	視板的質地有別，密實不透氣的板吸聲特性同硬質材料；透氣的同多孔材料
膜狀材料		塑料薄膜、帆布、人造革	視空氣層的厚薄而吸收低中頻，主要靠共振有選擇地吸收中頻
柔性材料		海棉、乳膠塊	內部氣泡不連通，主要靠共振有選擇地吸收中頻

1. 多孔性材料

原理：透過空氣與材料分子的摩擦，將聲能轉換成熱能。因此，材料孔隙必須為內外相通（圖 10.1），在一定的孔隙率範圍下使材料達到最佳的吸音效果。吸音範圍屬中高頻率範圍（圖 10.2）。而影響吸音好壞的因子約有以下幾點：

(1) 孔隙率：指表面孔隙占總面積之比率稱之。因材料材質的差異大因此很難有所謂的最佳孔隙率通識。

(2) 結構：板材厚度，孔隙深度，孔隙內壁的粗糙特性及背後加入密閉空氣層等構造控制。

(3) 空氣黏阻：孔隙的彎折性狀及空氣物理條件影響吸音強度。

(4) 安裝：避免高濕、酸鹼的使用環境，尤其是粉刷等工程不可將孔隙堵塞。

以上因子乃是吸音好壞的決定性因素。

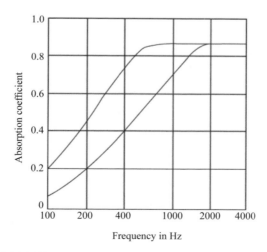

圖 10.2　多孔性材料的吸音範圍屬中高頻率範圍，粗細線分別代表較厚薄的相同材料的吸音趨勢

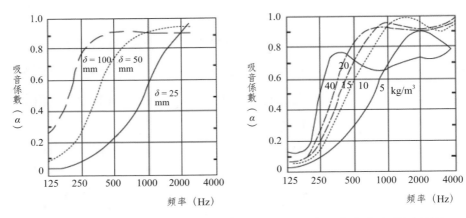

圖 10.3　左：密度為 15 kg/m³ 之玻璃棉之材料厚度變化與吸音率變化；
　　　　右：厚度 50 mm 之玻璃棉其密度改變時之吸音率變化

　　多孔性材料種類涵蓋甚廣，除上述表 10.1 所列舉外，絕大部分窗簾布、泡棉製品、沙發墊背及玻璃棉製品都屬於這類吸音材。然而吸音範圍與材料厚度或密度有重要關聯性，如圖 10.3，玻璃棉可說是最常見的高吸音率建材，由於物性穩定，遇高溫也不易變形外，密度高者其吸音範圍甚廣，是良好的吸音材料，只可惜自身無法成為結構材，因此常必須與其他建材合併使用，如圖 10.4，玻璃棉置放於沖孔板背測，成為特殊的吸音構造。而玻璃棉至牆表面置入空氣層更能夠調整吸音的頻率範圍。如圖 10.5，木絲礦化板是採自木材削切成絲狀並與水泥合成後壓成板狀製成；由於木絲與水泥漿合成時特意留下孔隙，因此它具良好吸音特性，亦屬於多孔性材料的一種，加上以水泥加固後可以成為簡單的板牆材。圖中木絲礦化板與水泥剛壁間設計成空氣層時，改變空氣層厚度亦可改變吸音的頻率範圍。

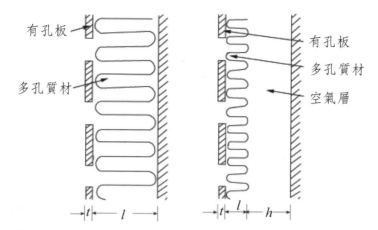

圖 10.4 玻璃棉置放於沖孔板背側，成為特殊的吸音構造

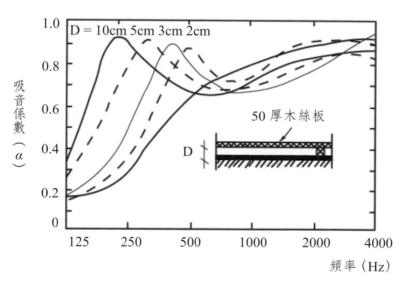

圖 10.5 木絲礦化板背後空氣層對吸音性能影響的實例

2. 版，膜吸音材

理論：利用空氣中較低頻聲能與板材或膜材產生共振之原理進行消音（圖 10.6）。其共振頻率（即吸音頻率）約為：

$$f_0 = \frac{1}{2\pi}\sqrt{\frac{\rho_0 c^2}{M_0 L}}\ (Hz)\, , \left(\rho_o = \frac{353.25}{T_i}\ (kg/m^3)\, , \ T_i = t_i + 273.5\right)$$

其中 ρ_0（空氣密度：kg/m³），M_0（單位面積質量：kg/m²），L（背後空氣層厚度：< 100 cm）。

板材是最常見的吸音構造，幾乎所有的室內裝修都喜用板材作為裝飾、隔間等構造，此構造直接成為一個有效的低頻吸音構造（圖 10.7）。由共振頻率公式得知，板的密度降低至膜材時其共振頻率將更降低。因此，我們可以了解單位面積質量的方根反比於吸音頻率。其背後空氣層厚度亦同，但通常空氣層厚度設計在 100 cm 以下。如圖 10.8，板厚 4 mm 的牆面背後空氣層厚度增加，共振頻率由 200 Hz 降至 120 Hz。而板厚增加，間接增加面密度，共振頻率亦然。

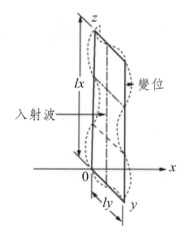

圖 10.6　低頻音能量由板材的側向共振產生位移吸收

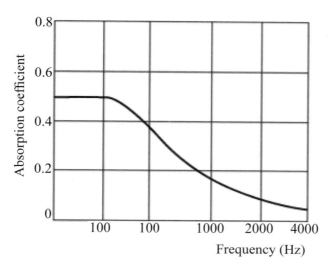

圖 10.7　板、膜吸音材形成低頻帶的吸音

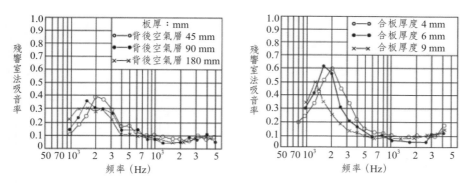

圖 10.8　板厚 4 mm 的牆面背後空氣層厚度增加共振頻率降低，面密度增加亦然

3. 亥姆霍茲共振腔

　　理論：腔口控制固定頻聲波進入並於腔內因反射及干涉作用而吸音（圖 10.9），其共振頻率（即吸音頻率）可依據下式預估：

$$f_0 = \frac{c}{2\pi} \sqrt{\frac{S}{V(t + 0.8d)}} \quad (Hz),\ (c:340\ m/s)$$

如圖 10.9，共振頻率可由腔口直徑（d）、腔口頸長度（t）及腔內容積（V）增加而下降。形成的共振頻率範圍較小，或稱為固定頻率如圖 10.10。共振腔構造因為腔內反射及干涉作用之多寡決定吸音之效能，因此，腔體若為方正，如煤渣磚牆構造（圖 10.11），利用開口與磚的內腔吸音，是非常適合設置於戶外或潮濕的場所（如工廠）。共振腔構造在腔體內無明顯間隔亦可以構成良好的吸音構造，如常見的沖孔板構造，它亦屬於亥姆霍茲（Helmholtz）共振腔原理的吸音構造。其特殊的結構方式將改變其共振頻率（即吸音頻率）為

$$f_0 = \frac{c}{2\pi} \sqrt{\frac{P}{h(t + 0.8B)}}, \qquad P = \begin{cases} \dfrac{\pi}{4}(\dfrac{B}{d})^2 \\ \dfrac{\pi}{2\sqrt{3}}(\dfrac{B}{d})^2 \end{cases}$$

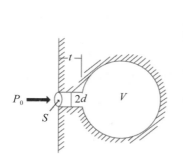

圖 10.9　共振腔構造

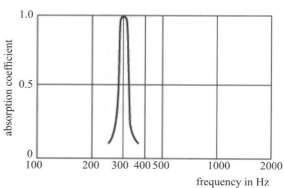

圖 10.10　共振腔構造之固定吸音頻率

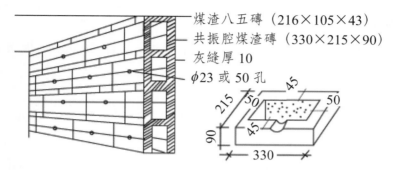

煤渣八五磚（216×105×43）
共振腔煤渣磚（330×215×90）
灰縫厚 10
φ23 或 50 孔

圖 10.11　煤渣磚牆構造利用磚單體上下結合成共振腔構造

其中，*P* 稱爲沖孔率，是根據孔的排列方式（圖 10.12）來改變計算方法如上式。式中 *B* 爲沖孔的直徑，*d* 爲孔距，*h* 爲背後空氣層厚度，*t* 爲板厚。

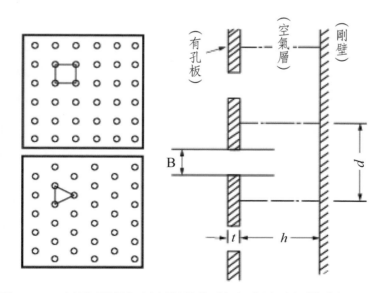

圖 10.12　沖孔板構造中沖孔形式（左）與沖孔板構造剖面詳圖

【例題 1】

沖孔板厚 4 mm，孔徑 8 mm，正方形排列，孔距 20 mm，板後留有 10 cm 空氣層，預估其共振頻率？

解：穿孔率：$P = \dfrac{\pi}{4}\left(\dfrac{B}{d}\right)^2 = \dfrac{3.14}{4} \times \left(\dfrac{0.8}{2.0}\right)^2 = 0.126$

共振頻率：$f_0 = \dfrac{c}{2\pi}\sqrt{\dfrac{P}{h(t+0.8B)}} = \dfrac{34000}{2 \times 3.14}\sqrt{\dfrac{0.126}{10 \times (0.4 + 0.8 \times 0.8)}}$

$\approx 590 \; Hz$

10.2 隔音構造

　　隔音是臺灣高密度都市圈建築重要性能之一。因此，對於建築外殼、開口部窗材或室間的隔牆等構造的隔音性能，應審慎來規劃。本單元以空氣傳導音之材料隔音特性作為主要介紹部分。首先、單層（單一）材料的隔音性能與聲音頻率有直接關係；並且，材料的單位面積重量（面密度 m，kg/m²）同時影響材料隔音的好壞。材料之聲音穿透損失（transmission lose, dB）與面密度（m）乘以頻率（f）成正比，如下式：

$$TL_0 \propto mf$$

　　材料之聲音穿透損失可以預測為：

$$TL_0 = 10\log\left[1 + \left(\dfrac{\pi mf}{\rho_0 c}\right)^2\right] \; (dB)$$

其中 m：單位面積重量（面密度 m，kg/m²）

ρ_0：空氣密度 1.18 kg/m³（26℃）

c：聲速 344 m/s

f：入射聲頻 Hz

如圖 10.13，玻璃實際隔音量以厚度 3～10 mm 之玻璃板實際測試聲音穿透損失與面密度（f）之關係圖。由此圖可知，玻璃板在三倍以上厚度增加後，其隔音性能並未明顯增加。因此，上式材料之聲音穿透損失計算並未將材料厚度置入式中。相同頻率下，影響材料隔音能力的因子可以說只有面密度（m）而已。圖 10.14 顯示常見隔音構造的比較，一般常見的構造以鋼筋混凝土之隔音能力最高，其次為水泥沙漿塗抹後之磚牆為優。單純以材料的單位面積重量（面密度 m，kg/m²）比較時，玻璃板厚度增倍其隔音量增加不及 5 dB。

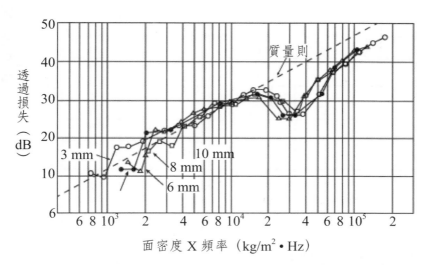

圖 10.13 玻璃實際隔音量以厚度 3～10 mm 之玻璃板實際測試聲音穿透損失與面密度（m）乘以頻率（f）之關係

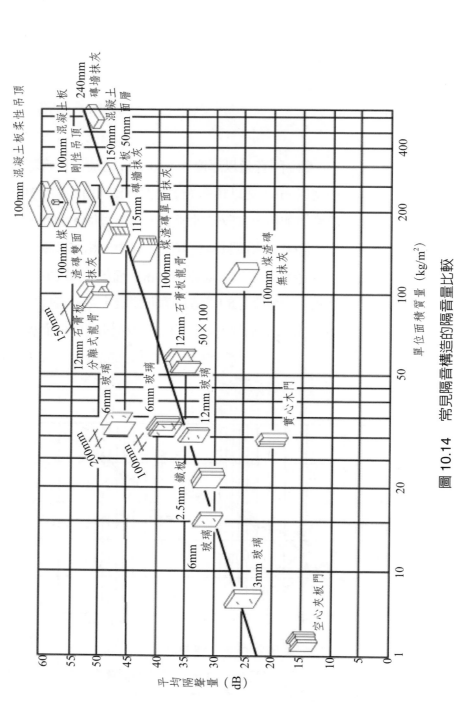

圖10.14　常見隔音構造的隔音量比較

　　由上述內容可知，材料之聲音穿透損失（transmission lose, dB）在相同面密度（m）下其大小決定於頻率（f）之高低。這個關係便是著名的質量則定理（mass law），由圖 10.15 可知，材料於質量則區域（頻域）內，其聲音穿透損失隨音頻每一個八度音增加 6 dB/octave，因此我們稱此區域為質量控制區。舉凡所有單一（單層）板材均具有質量控制區，當音頻持續增加至聲能與板材間產生縱波共振時，板材背面將此一共振頻能量進行表面放射。此現象稱為吻合效應（coincidence），凡是板材都具有吻合效應區狀態。如圖 10.13，玻璃板實際測試聲音穿透損失在面密度（m）乘以頻率（f）於 $2 \sim 6 \times 10^4$ kg/m$^2 \cdot$ Hz 區域內出現明顯吻合效應。另外，在質量控制區以下較低頻區域出現

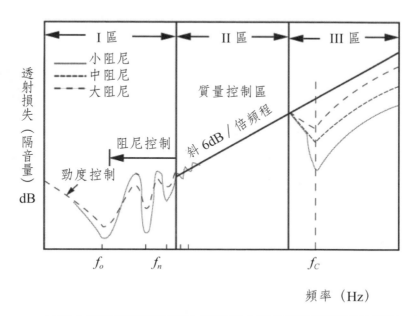

圖 10.15　材料之聲音穿透損失隨入射音頻之變化而出現阻尼共振區、質量控制區及吻合效應區

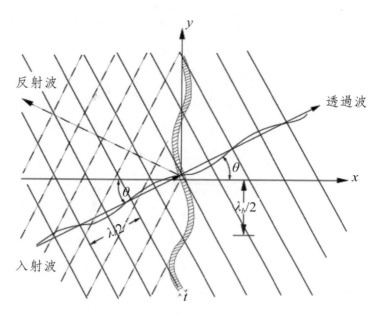

圖 10.16　板材在橫軸方向的挫曲現象

如圖 10.16 中板材在橫軸方向的挫曲現象。事實上，當振波在低頻入射於較輕薄材料時，橫波共振發生如縱波共振的現象，稱共振基頻（＜20 Hz）產生阻尼共振（stiffness）現象。這種情況將如圖 10.16 一般，極低頻振動將穿透材料於其板後進行表面放射。由於是在人耳感知之頻帶之外，對於聲音穿透損失影響不大。因此，這種因共振現象影響聲音穿透損失之情形以吻合效應較爲嚴重，因爲它經常出現於聽覺甚爲敏感區域，造成之破壞使隔音幾乎完全喪失。這裡我們提供單一（單層）材料之吻合頻率 f_c 之預測式如下：

$$f_c = \frac{c^2}{2\pi h} \sqrt{\frac{12\rho(1-\sigma^2)}{E}}$$

其中，c：聲速 340 m/s

ρ：密度 kg/m^3

σ：板材泊松比（Poisson's ratio）

E：板材彈性係數 N/m^2

h：板材厚度 m

在板材泊松比（Poisson's ratio）是指材料受一外力作用時不只是長度方向上發生形變，同時其寬度上亦發生形變，此長度及寬度上間之比值，稱為泊松比（Poisson's ratio），它主要是討論材料在受外力作用下的形變性質。此計算式中，不同材料以板材彈性係數（N/m^2）之差異較大，所以注意板材彈性係數是控制吻合頻率 f_c 之首要作法。此兩者可以說它們是材料的重要物性，另外材料密度及其厚度也個別影響吻合頻率 f_c 之高低。圖 10.17 為板材厚度與吻合頻率 f_c 之關係圖，由此五種材料實測結果了解，石膏板之吻合頻率較高，厚度愈薄，吻合頻率愈高。

因此，材料厚度薄有相對優勢，它可使吻合頻率 f_c 推向較高頻率，因為頻率超過 4000 Hz 以上，人耳急速顯現鈍感。而以金屬材料而言，具高的密度，但不易取得大的厚度，彈性係數高相對又使吻合頻率 f_c 下降，考慮成本，仍以石膏板作為隔音材的機率相對性高。因此，歸納使吻合頻率 f_c 不易下降之方法如下：

1. 背面貼牢彈性係數高之阻尼材料。

   〔如鋼板 2.1（×10^{11} N/m^2），RC 0.21，合板 0.03，石膏板 0.025，鋁板 0.71，玻璃 0.7〕

2. 背後空氣層差入吸音材。

3. 以不同之材料物性組合多層構造。

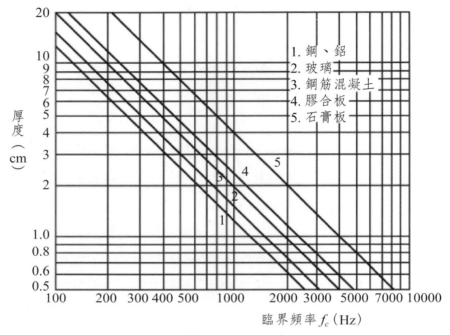

圖 10.17　板材厚度與吻合頻率 f_c 之關係

4. 避免產生聲橋作用（結構處採取阻尼處理）。

如圖 10.18，背後空氣層插入吸音材後，使吻合頻率 f_c 效應減輕的作法。

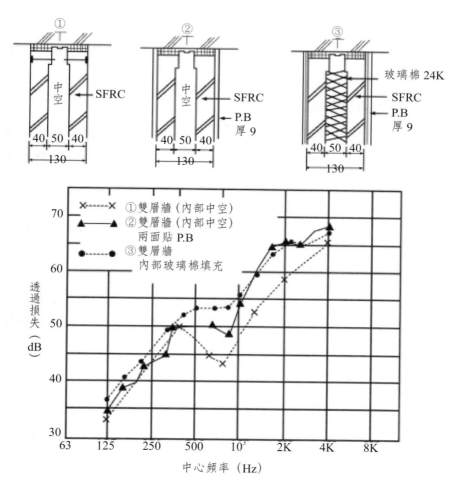

圖 10.18　背後空氣層插入吸音材後，使吻合頻率 f_c 效應減輕的作法

演練

選擇題

10-1 （ ） 下列有關多孔質吸音材（porous）之敘述何者不正確？
(A) 多孔質吸音材是指表面具有小孔之建築材料　(B) 吸音之原理是將聲能轉換成熱能　(C) 多孔質吸音材之吸音能力與其孔隙率有關　(D) 多孔質吸音材常與密閉空氣層一同使用，可加強其吸音能力。

10-2 （ ） 下列有關單層有孔金屬板＋背後空氣層＋混凝土牆之吸音構造敘述何者不正確？　(A) 它是屬於一種共振腔吸音構造　(B) 它是一種全頻域吸音材　(C) 有孔金屬板之穿孔率（穿孔面積／總面積）約小於 20%　(D) 在背後空氣層裡加入玻璃棉可提高吸音之效果。　　　　　　（103 年）

10-3 （ ） 在同樣溫度下，下列有關單層隔音構造之敘述何者不正確？　(A) 隔音量與單位面積重量成正比　(B) 隔音量與隔音頻率成正比　(C) 隔音量與構造之厚度成正比　(D) 隔音量與構造材料之剛性、內部摩擦有關。

10-4 （ ） 下列有關單層隔音構造質量則定理之敘述，何者不正確？
(A) 是指理想化隔音構造之特性　(B) 通常在入射聲能頻率增加一個倍頻程（octave）時，隔音量增加 6 dB　(C) 密閉空氣層中插入吸音材是為了減少構造重合（coincidence）頻率的影響　(D) 隔音構造的共振控制段具有提高低頻附近隔音量效果。

10-5 （ ） 對於單層隔音構造之重合（coincidence）頻率，下列敘述
何者不正確？ (A) 構造材料愈厚，構造重合頻率有愈高
之趨勢 (B) 構造材料密度愈高，構造重合頻率有愈高之
趨勢 (C) 構造材料愈剛硬，構造重合頻率有愈低之趨勢
(D) 構造材料產生聲橋作用亦將促使構造重合頻率的降低。

10-6 （ ） 下列有關室外隔音牆之實施方式何者不正確？ (A) 屋外
隔音牆之應用是利用聲音的繞射原理 (B) 隔音牆之施作
水平長度與隔音量無關 (C) 牆愈高隔音量愈大 (D) 隔
音牆對於低頻噪音之隔音較差。

10-7 （ ） 關於吸音材料之吸音特性如下圖所示，下列何者為板狀材
料之吸音特性？（圖中縱座標 a 為吸收音率，其數值上大
下小，橫坐標 f 為頻率，其數值右高左低。） （97 年）

(A)   (B)   (C)   (D)

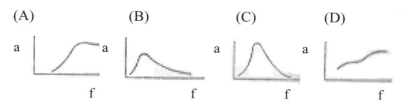

10-8 （ ） 有關音響之敘述，下列何者錯誤？ (A) 兩個音源功率級
分別為 100 dB 及 100 dB，則其聲音的合成為 106 dB (B)
1,000 Hz 純音之音壓級 60 dB ，聽起來相同大小之聲音之
響度級為 60 phon (C) 一般鋼筋混凝土造建物，對於空氣
傳音的隔音是有效的 (D) 挪動桌椅家具時，對直下層住
戶的樓板衝擊音為固體傳音。 （98 年）

10-9 （ ） 下列何種牆構造之隔音性能最佳？ (A) 12 公分之鋼筋混
凝土牆 (B) 12 公分之石膏板牆 (C) 12 公分之木作牆

(D) 12 公分之矽酸鈣牆。 （99 年）

10-10 （　）有關建築物隔音之敘述，下列何者錯誤？ （A) 聲音透過損失（sound transmission loss）的單位是分貝（dB） (B) 聲音透過損失（sound transmission loss）愈大，隔音愈好 （C) 一般而言，隔音材料愈重，隔音愈好 （D) 對於均質板材料之隔音性能，其低頻率部分優於高頻率部分。 （99 年）

10-11 （　）有關音響之敘述，下列何者錯誤？ （A) 噪音計 A 特性之測量值，和等音曲線 40 phon 之感度相近似 （B) 音強增為 10 倍，則音壓級也會增大 10 dB （C) 挖有圓孔之穿孔板，其與牆壁間只設置空氣層之構造，可吸收高頻率之音 （D) 室內音響設計之吸音率，以餘響室測定材料吸音率之方式，最為廣泛採用。 （99 年）

10-12 （　）下列哪二種之組合最能兼顧隔音與吸音性能？① 12 公分鋼筋混凝土牆 ② 12 公分石膏板牆 ③表面金屬板 ④表面穿孔之木質板 （A) ①③ （B) ①④ （C) ②③ (D) ②④。 （100 年）

10-13 （　）下列何者不屬於隔音構造之因素？ （A) 內損因素 （B) 質量控制段 （C) 雙層構造 （D) 側路傳播。 （101 年）

10-14 （　）依質量法則之公式，同一均質板材料之聲音透過損失，若頻率增加一倍時，聲音透過損失增加多少 dB（分貝）？ (A)2 (B)3 (C)6 (D)10。 （101 年）

10-15 （　）有關音響之敘述，下列何者錯誤？ （A) 多孔質吸音材料表面被通氣性差的材料所覆蓋，則其高音域之吸音率會

降低 (B) 無反射音之空間，距離無指向性之點音源 1 公尺處和 4 公尺處其音壓級之差約 12 dB (C) 針對大規模音樂廳之室內音響計畫，爲了免除回音等音響障礙，可以在觀衆席後方之牆壁及天花板採用吸音率高之裝飾材 (D) 長方形室內表面採用同一吸音率之裝飾材，若室容積增爲 2 倍，則其餘響時間會變爲 2 倍。 （101 年）

10-16 （　）有關建築物吸音材料特性及應用之敘述，下列何者錯誤？
(A) 多孔性材質，如玻璃棉，其吸音率在高頻域部分較高
(B) 板狀材料，如石膏板、合板，其吸音率在低頻域部分較低 (C) 穿孔板狀材料，若能加上多孔性材質，其吸音效果較佳 (D) 多孔性吸音材料常作爲吸音構造之填充材。 （101 年）

第十一章　噪音控制

本單元就空間音環境控制第二個重點，即由室內至室外噪音之控制來分別介紹。其內容包括：

1. 空調噪音預測與風管設計
2. 建築物隔音與噪音量預測
3. 室內噪音分布計算
4. 隔音牆設計
5. 噪音 NC 曲線
6. 其他噪音評估法

噪音抑制乃良好音環境的條件之一，空間噪音的來源有多種且複雜，其中以室內噪音源作為基準而言，空調的噪音問題經常是展演設施或辦公大樓的檢討重點。在本單元以空氣傳導音之噪音分類作為敘述重點；在機械行為中的體感振動等固導低頻噪音並不在介紹範圍內。

11.1 空調噪音

空調噪音在大樓建築中屬於重要的設備工程，為了隔離戶外有害之噪音與有害氣體，中央型空調系統經常是必要的設備。如圖 11.1，空調噪音主要來源有四種路徑，這四種路徑分別以 A～D 為各自噪音之代表符號；它們是 A：出風口之風切聲，經風管送至各個目的空間的末端是空調與人最接近之構造，空間量大小與換氣量成正比。出風口風速與所定換氣量也為正比關係，因此，美國空調冷凍協會

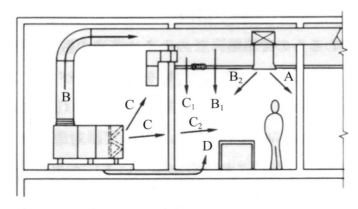

圖 11.1　空調噪音主要來源有四種路徑，這四種路徑分別以 A～D 為各自噪音之代表符號；A：送風口，B：送風管內，C：鼓風機，D：建築結構體

（ASHRAE）建議以換氣量作爲該冷凍主機送風至該出風口之噪音量（B_{PWL}），終端出風口之噪音量預測等於：

$$B_{PWL} = 15.6\log W + \alpha \, (dB)$$

其中 W：風量（m³/h），α：頻率修正係數（如表 11.1）

表 11.1　終端出風口之噪音量預測之頻率修正係數

$\alpha\,(dB)$	32	29	27	26	23	20	13
中心頻（Hz）	63	125	250	500	1000	2000	4000

　　由於噪音於風管中距離衰減不易，廳堂多配置於座位底下進風，便是要將出風口面積增加以降低風速，減少出風口之出風噪音。因此，一般配管口徑設計應爲計畫送風量之 6～7 倍較有利。

　　從圖 11.1 中得知，空調噪音的來源 B 爲風管，因此，安裝消音箱於管道中是一般降低風管噪音傳遞的方式，此內容我們將安排於 11.2 節介紹。而空調噪音的來源 C 爲風機，也就是當冷卻後空氣由冰水主機要排至風管中之前，必須透過風機來將其送至所要送至的目的空間。風機透過高功率之設計，造成風扇旋轉以及風機座之振動，形成高分貝噪音，可視爲空調噪音之音源，因此美國空調冷凍協會（ASHRAE）才建議以換氣量作爲該冷凍主機送風至該出風口之噪音量預測之基礎。最後，空調噪音的來源 D 就是冷凍冰水主機與風機機房內噪音透過建築結構體，將噪音傳導至室內的路徑。其傳達之噪音必須以浮動地板與風管之彈性防振吊架來隔絕噪音傳遞。在展演空間內是必備之防噪結構方式。

　　從圖 11.1 中噪音到達出風口後，可以將出風口視爲一室內噪音源的情況來檢討室內噪音源至人員的位置間的噪音衰退情形。我們透過空間放射係數衰減的計算，可以得到空間噪音衰減量如同點聲源音量衰減之計算，離出風口距離 r 於 P 點處之噪音衰減預測爲：

$$k_R = 10\log(\frac{Q}{4\pi r^2} + \frac{4}{R})$$
$$\Rightarrow Lp = B_{PWL} + k_R$$

其中 L_P 指 P 點處之噪音量，Q 指出風口之噪音指向係數，通常出風口爲平面形式時，$Q = 0.5$，而 R 指室指數，$R = \dfrac{1-\bar{a}}{S \cdot \bar{a}}$，其中 S 指室內總表面積，而 $\bar{a}$ 指室間之建材平均吸音係數。

　　因此，透過空間放射係數衰減的計算可以得到人員位置之空調噪音預測。出風口數量透過聲壓級合成計算可以得到。

【例題 1】

某單一送風口其 Q（方向係數）$= 4$，r（距離）$= 3$ m，R（室指數）$= 100$ m²，$W = 22000$ m³/h，（11000～44000）則 500 Hz 噪音量為何？

解：$k_R = 10\log(\dfrac{Q}{4\pi r^2} + \dfrac{4}{R}) = 10\log(\dfrac{4}{4\pi 3^2} + \dfrac{4}{100}) = 10\log(0.0353 + 0.04)$

$\cong -11.232$ dB

$B_{PWL} = 15.6\log 22000 + 26\,(\text{dB}) = 93.74$ dB

$L_p = 93.74 - 11.23 = 82.5$ dB

11.2 消音箱之設計原理

　　空調設備之風管在構造上應注意懸掛之避振與穿越建築結構之隔振防護；除此之外，風管應依據尺度大小規劃風管之鋼板厚度，以防止氣流對管壁的撞擊產生額外之振動。下面我們依據消音管構造與規格來敘述風管避免噪音傳遞之理想設計法。首先我們以消音管或消音箱出口斷面積 S_D 與箱內表面積 S_C 的比率 S_C/S_D 與減音量 R 之計算開始：

$$R = -10\log\left\{ S_D\left(\dfrac{\cos\theta}{2\pi d^2} + \dfrac{1-\alpha}{\alpha S_C} \right) \right\}$$

$$A = \alpha S_C$$

其中，S_D：出口斷面積；α：箱內平均吸音係數；S_C：箱內表面積；θ：出入口法線夾角；A：箱內吸音力。

　　如圖 11.2，S_C/S_D 與減音量 R 之關係圖得知，對應於上式，其反比的關係甚為明瞭。

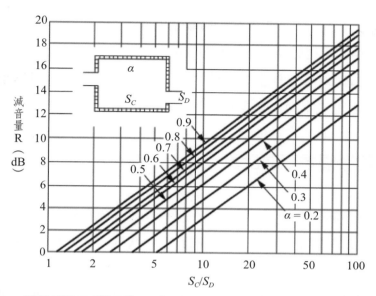

圖 11.2　消音箱出口斷面積 S_D 與箱內表面積 S_C 的比率與減音量 R 之關係

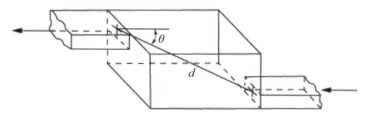

圖 11.3　消音箱出入口法線夾角與距離的關係

　　另外，在消音箱出入口的配置上如圖 11.3，它們要盡量錯開較優。箱內的吸音係數愈大愈有利吸音。出風口斷面盡量小，箱愈大減音量愈高等，從式子中可以明瞭讀出。

　　另外，在空調噪音防制在建築中注意事項歸納如下：

　　1. 消音箱是利用噪音於消音箱內行反射、干涉等現象達到消音之目的。

2. 消音箱內表面張貼吸音材其效果愈佳。

3. 消音箱避免高濕、酸鹼的環境。

4. 主動式電子消音器是利用聲波相位相減原理來抑制噪音（低頻爲主），但成本高，維護不易。

11.3 建築隔音簡易計算

根據空氣傳導噪音之原則，在沒有其他傳音路徑的前提下，我們可以簡易地計算空間與空間之間噪音的傳遞量。首先，我們定義噪音與建築的關係分別有四種情況，如圖 11.4。圖中 source 表噪音源位置，A 表接收室之室內吸音力；S 表隔音構件面積（不考慮側向傳透）；T_L 表牆之隔音量；L_w 表噪音源音量；TL_e 表隔音罩隔音量；A_e 表隔音罩內吸音力；A_s 表室內吸音力；L_p 表戶外均壓。因此，空間關係分別爲：a. 空間對空間；b. 戶外點聲源；c. 同室中隔音罩內聲源；d. 戶外均壓等狀況。四種狀況的受害點噪音量預測爲：

$$a \rightarrow L_A = L_w - TL - 10\log\left(\frac{A}{S}\right)$$

$$b \rightarrow L_A = L_w - TL - 10\log\left(\frac{A}{S}\right) + 10\log\left(\frac{1}{2\pi r^2}\right)$$

$$c \rightarrow L_A = \sum_{i=1}^{n} L_{wi} - TL_e + 10\log\left(\frac{4S}{A_S A_e}\right)$$

$$d \rightarrow L_A = L_p - TL - 10\log\left(\frac{A}{S}\right)$$

圖 11.4 中特別需注意的是在式中計算隔音構件面積 S（不考慮側向傳透）時，其面積範圍所指爲圖中牆體以黑色塗布之部分稱之。另

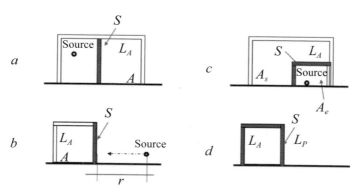

圖 11.4　簡易地計算空間與空間之間噪音的傳遞量分別有四種情況

外，在各自隔牆上另外有開窗等類似構件時，牆之隔音量 *TL* 值應另外求取整體牆面之隔音量。

　　當噪音源處於同室間時，其受害點位置之噪音量以 11.1 節中提及之空間放射係數衰減的計算，可以得到如下：

$$L_p = L_w + 10\log\left(\frac{Q}{4\pi r^2} + \frac{4}{R}\right)\ (dB)$$

　　L_w 爲噪音源之發聲功率級。其餘參數請參照 11.1 節中提及之內容。因此，在室內吸音力愈高之空間其噪音量之衰減愈顯著。如圖 11.5，依據不同的室指數 R，形成與距離 r 之間不同的衰減音量。

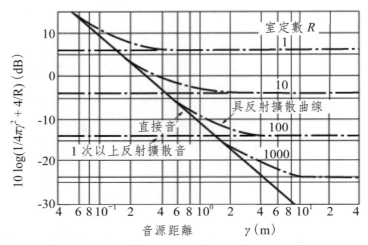

圖 11.5 依據不同的室指數 R，形成與距離 r 之間不同的衰減音量關係

【例題 2】

演藝廳 20000 m³，總表面積 6275 m²，500 Hz 之平均吸音率 $\alpha = 0.232$，演員（Q = 1）之聲功率為 $340\,\mu W$（$W_0 = 10 \sim 12$）；求距 39 m 處（最後一排）之聲壓級？

解：$R = \dfrac{S\overline{\alpha}}{1-\overline{\alpha}} = 1890 m^2$，　$Q = 1$

$$L_p = 10\log\frac{0.00034}{10^{-12}} + 10\log\left(\frac{1}{4\pi \cdot 39^2} + \frac{4}{1890}\right)$$

$$= 58.7\ (dB)$$

11.4 隔音牆原理

　　隔音牆是室外最常見的阻斷噪音工具，然而，隔音牆的效能與使用限制並未規定在建築技術規則內。本單元就隔音牆的隔音原理與隔音量評估法兩方面來介紹。首先，隔音牆由於無法完全遮蔽住噪音，所以它的隔音量是有一定極限的。因此除了高度以外，長度在牆之高度的五倍以上者，可將牆視為無限長看待。也就是不使噪音由牆體兩側繞射的最低長度要求。對於高度方面，由於隔音牆原理是增加噪音的行走路徑長，也就是指牆的高度；因此，完成後的繞射距離與原來的直線距離之間的差，成為隔音量大小的依據。如圖 11.6，d 為原有之直線距離，而 A+B-d 便是這個差距，Fresnel 研究這個差距與隔音量大小的關係，開發出 Fresnel zone number（N）的評估方式。N 之計算如下：

$$N = \frac{\delta}{\lambda/2} = \frac{2\delta}{\lambda} = \frac{f \cdot \delta}{170}$$
$$\delta = (A+B) - d$$

其中，λ 是隔音之波長，而 f 為其頻率；將 δ 與 f 代入 Fresnel zone number（N）的評估式中就可以計算其 N 值，再將此 N 值比對圖 11.7 中可能之噪音衰減量，便可以估計隔音量之效益。圖中以虛線呈現者是指固定的點噪音源，如抽水機等固定設備；而實線則應用於線噪音源，如交通噪音、鐵道噪音等。注意隔音牆效果應在 30 dB 以下，其應用非常廣泛。

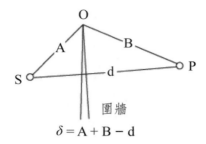

$$\delta = A + B - d$$

圖 11.6　隔音牆原理是增加噪音的行走路徑長

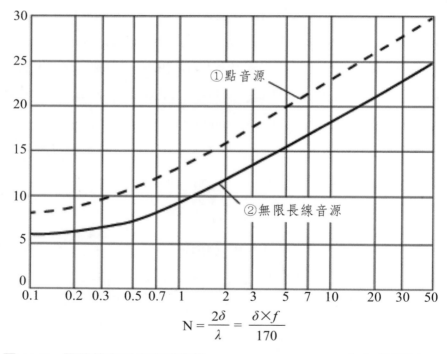

$$N = \frac{2\delta}{\lambda} = \frac{\delta \times f}{170}$$

圖 11.7　隔音牆之噪音衰減量與 Fresnel zone number（N）的關係

【例題 3】

牆高 7 m，高度 2 m 之點聲源，求 P 點 500 Hz 之繞射衰減量ΔL_p？

解：

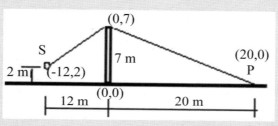

如上圖，利用點座標間的距離公式進行評估距離差

$$\delta = \sqrt{5^2 + 12^2} + \sqrt{7^2 + 20^2} - \sqrt{2^2 + 32^2} = 13.0 + 21.19 - 32.06 \cong 2.13$$

$$N = \frac{f \cdot \delta}{170} = \frac{500 \cdot 2.13}{170} \approx 6.26 \Rightarrow \Delta L_p \cong 21 \text{ dB}$$

11.5 噪音評價法

Beraneck（1957）依據各頻率日常噪音之干擾程度繪製 NC 曲線，所測得噪音在 63～8000 Hz 等 8 個中心頻量測到聲壓級均不超出之曲線訂定之。其標準曲線如圖 11.8。NC 值以整數表示，以超越曲線之音壓級作為 NC 值的告示值，寫成 NC-（數值）。如圖 11.9 中，辦公室內空調啟動前後之背景噪音 NC 值，分別為 NC-28 與 NC-57（出風口正下方）、NC-50（非出風口處）。

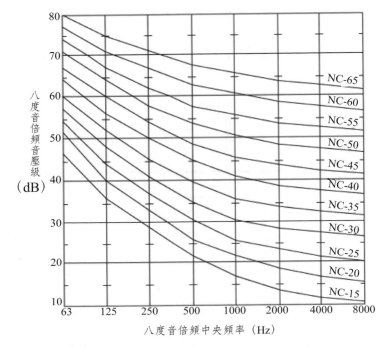

圖 11.8　各頻率日常噪音之干擾程度繪製 NC 曲線（Beraneck, 1957）

　　於特殊空間中，如展演設施等，NC 值的要求非常嚴格，如表 11.2，PNC 與 NC 值差異在前者將低頻音的要求加強後的另一種背景噪音標準。

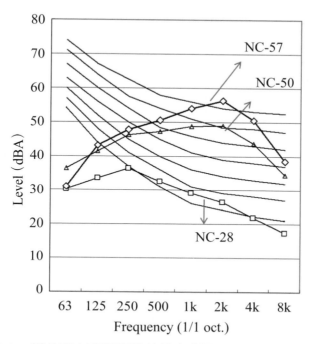

圖 11.9　辦公室內空調啓動前後之背景噪音 NC 值測量實例

表 11.2　各種機能空間之背景噪音標準以 PNC 與 NC 兩者為例

環境	PNC 曲線	NC 曲線
音樂廳、歌劇院	—	10～20
錄音室	10～20	15～20
大禮堂	20 以下	20～25
小禮堂、小戲院	35 以下	25～30
臥室、醫院	25～40	25～35
私人辦公室、小會議室	30～40	30～35
起居室	30～40	35～45
大辦公室、接待室	35～45	35～50
大廳、實驗室	40～50	40～45

環境	PNC 曲線	NC 曲線
電腦室、廚房、洗衣間	45～55	45～60
商店、汽車間	50～60	—
不需會話交談之工作場所	60～70	—
（不影響聽力）		

11.6 噪音評價法

1. 均能聲壓級（equivalent continuous noise level, Leq）

　　是應用面最廣的背景噪音評估法，其定義其實就是時間平均值。在中華民國環保署的噪音管制標準上，對於各類噪音採取 2 分鐘以上測試值作為裁罰標準。因此，在計算定義上如下：

$$L_{eq} = 10\log\left\{\frac{1}{t_2 - t_1}\int_{t1}^{t2}\frac{P^2}{P_0^2}dt\right\}$$

　　如圖 11.10，將測試值由 t_1 積分至 t_2 後再除以實測時間長 T，便得到均能聲壓級 Leq（dB）。如量測噪音計以 A 加權進行測試時，這時的均能聲壓級計成 $LeqA$（dB）。

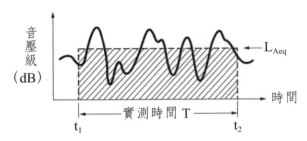

圖 11.10　將測試值由 t_1 積分至 t_2 後再除以實測時間長 T

【例題 4】

假設聲壓級 60 dB 延續 10 分鐘，70 dB 為 10 分鐘，計算此 20 分鐘

之均能聲量級？

解：$L_{eq} = 10\log(f_1 \times 10^{L1/10} + f_2 \times 10^{L2/10})$

$= 10\log(\dfrac{10}{20} \times 10^{60/10} + \dfrac{10}{20} \times 10^{70/10}) = 67.4$ dB

2. 單發噪音事件聲壓級（single event sound pressure level, L_{AE}）

均能聲壓級使用於連續且平穩的噪音類型是可靠的，不過對於工程作業的基樁作業敲擊聲便無法以均能聲壓級來作公平的審判。極短暫且高分貝的噪音形式必須將它視為單一之噪音事件積分後，以一秒為時間標準化之後的噪音級，這就是單發噪音事件聲壓級的定義（如圖 11.11）。計算式如下：

$$L_{AE} = 10\log_{10} \frac{1}{T_0}\left[\int_{t1}^{t2}\frac{P_A^2(t)}{P_0^2}\,dt\right], T_0 = 1 \text{ sec}$$

其中，A 表加權值，P_0 表基礎聲壓 20 mPa。

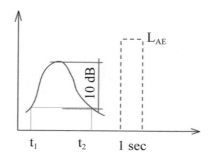

圖 11.11　單發噪音事件聲壓級以一秒為時間標準化

3. 時間累積百分比級（percentile sound level, $L\%$ or L_N）

　　生活噪音為一連續性起伏的性狀，常因長時間暴露於此種噪音狀態而不自知。如道路交通噪音、鐵道噪音等，或學校活動的嘈雜聲等。它們潛伏於長時間難以定義積分的長度。因此以等時間間隔來連續記錄，可得到長時間記錄，由記錄的噪音事件來進行統計分析，依累積機率曲線決定所有事件出現之比率，常用的有 10%、50% 及 90% 等比率，如圖 11.12 中，在一連串噪音記錄中以累積機率曲線決定特定百分比的聲壓級數，便稱為時間累積百分比級。每筆噪音事件的積分長度可依據噪音的穩定性來決定。如於等間隔（如 5 秒）測量下，

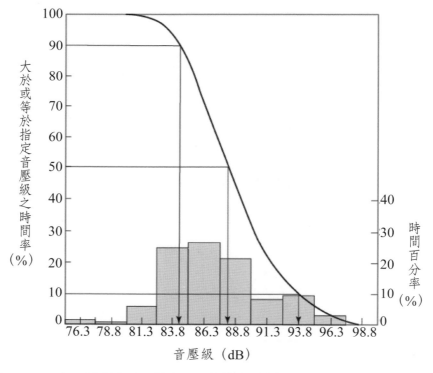

圖 11.12　在一連串噪音記錄中以累積機率曲線決定特定百分比的聲壓級數

不規則噪音超過某聲壓級之時間累積百分比級。如圖 11.12，其 $L_{50} =$ 88.3 dB，便是指所有噪音事件中有超過 50% 的事件達到 88.3 dB。依此，對於交通噪音在某地區所形成之危害可以準確地敘述。此時也可以將測試次數作爲百分比位置決定方式。如圖 11.13 中在 180 筆記錄將其依序排列於圖中各聲壓級值中，L_{90} 可以取自第 18 筆（59 dB），L_{50} 可以取自第 90 筆（68 dB）；而 L_{10} 可以取自第 162 筆（75 dB）。

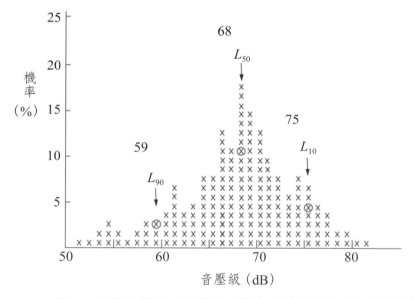

圖 11.13　在 180 筆記錄將其依序排列於圖中各聲壓級值中取得百分比級位置

4. 日夜聲量級（day-night level, L_{dn}）

此噪音級評估法僅應用於機場噪音管制區內的噪音量分析。由於日、夜間起降次數多寡決定此噪音級加權的方式。其加權方式如下：

$$L_{dn} = 10\log\left[0.625 \times 10^{\frac{Ld}{10}} + 0.375 \times 10^{\frac{(Ln+10)}{10}}\right]$$

L_d 爲白天（7～22）之均能聲量級；L_n 爲夜間（22～7）之均能聲量級。

【例題 5】

以每小時積分之均能聲量級記錄某機場某日噪音聲壓級如下表，求其日夜聲量級 $L_{dn}=$？dB

解：

$$L_{dn} = 10\log\left[\begin{array}{l}\dfrac{1}{24}(10^6 + 10^6 + 10^6 + 10^5 + 10^4 + 10^4 + 10^4 \\ + 10^5 + 10^6 + 10^6 + 10^7 + 10^6 + 10^6 + 10^6 + 10^7 + 10^6 \\ + 10^6 + 10^6 + 10^6 + 10^7 + 10^7 + 10^6 + 10^6 + 10^5\end{array}\right]$$

$= 63.6$ dB

時間	L_{eq}（dBA）	夜間加權 L_{eq}
10PM	50	60
11	50	60
12 半夜	50	60
1AM	40	50
2	30	40
3	30	40
4	30	40
5	40	50
6	50	60
7	60	60
8	70	70

時間	L_{eq}（dBA）	夜間加權 L_{eq}
9	60	60
10	60	60
11	60	60
12 中午	70	70
1PM	60	60
2	60	60
3	60	60
4	60	60
5	70	70
6	70	70
7	60	60
8	60	60
9	50	50

演練

計算題

11-1 廠房外之抽水馬達發出 78 dB 之聲功率級，至廠房外牆距離為 16 m，而室內總吸音力若為 150 時，朝聲源側之牆面積若為 20 m² 時，假設此外牆具 15 dB 之穿透損能力，試問於牆內測得之聲量約若干？

11-2 朝陽科技大學體育館 16500 m³，總表面積 750 m²，500 Hz 之平均吸音係數 = 0.18，舞臺揚聲器（Q = 2）之聲功率級為 89

dB；求距舞臺揚聲器 30 m 遠處體育館另一端之聲壓級為何？

選擇題

11-3 （　）下列有關室內聲音傳播之敘述何者不正確？　(A) 室內吸
音力影響室內聲音傳播甚鉅　(B) 室內聲源指向係數愈高
則聲音傳播得更遠　(C) 室內之音衰減量與距離成正比
(D) 在無響室（自由聲場）中，音衰減量隨距離增加而減
少。

11-4 （　）下列有關空調風管噪音對策之敘述何者不正確？　(A) 風
管消音箱中張貼吸音材應避免高濕空氣使用　(B) 空調風
管噪音傳遞量在無消音狀態下，與傳輸風量大小成正比
(C) 空調風管出風口至作業區之噪音傳遞量與距離平方成
反比　(D) 風管消音箱進氣口斷面積小於出氣口者對於降
噪比較有利。

11-5 （　）若你居住在馬路邊的建築物內，要了解道路噪音危害的嚴
重性時，在噪音基準的測量中下列何者不恰當？　(A) 均
能聲壓級（L_{eq}）　(B) 日夜聲量級（L_{dn}）　(C) 時間累積
百分比級（L_N）　(D) NC（noise criteria）。

11-6 （　）有關噪音評估方法的敘述，下列何者錯誤？　(A) 日夜聲
量級（L_{dn}）是用於評估機場地區的噪音量　(B) 均能聲壓
級（L_{eq}）是指某段時區間內噪音量之平均值　(C) 時間累
積百分比級中，L_{90} 恆大於 L_{10}　(D) 單發噪音事件聲壓級
（L_{ae}）是用來衡量衝擊音事件。　　　　　　　（98 年）

11-7 （　）有關道路隔音牆實施方式之敘述，下列何者錯誤？　(A)

隔音牆之應用是利用聲音的繞射原理　(B) 隔音牆之水平長度與隔音量無關　(C) 牆愈高隔音量愈大　(D) 隔音牆對於低頻噪音之隔音較差。　　　　　　　　（99 年）

11-8 （　） 有關音樂廳之音響性能評估的敘述，下列何者錯誤？
(A) 獨奏時背景噪音量要求為 NC-15　(B) 講話或歌唱時餘響時間設計成 2 秒最適合　(C) 立體與生動的樂音有如被聲音包圍的感覺來自於側牆反射與擴散的功勞　(D) 管風琴演奏需要較長的餘響時間設計。　　　　　（100 年）

11-9 （　） 有關建築物室內之噪音與振動傳播的敘述，下列何者錯誤？　(A) 電視、音響、電話響聲等噪音，屬於空氣傳音　(B) 室外汽機車之噪音，主要是透過外牆及門窗傳播至室內　(C) 人們跑跳及搬動家具，主要為固體傳音　(D) 浴室對鄰近房間之噪音干擾，主要為空氣傳音。（102 年）

11-10 （　） 下列何者不是屋內噪音量之影響因素？　(A) 外牆之隔音能力　(B) 地坪有無地毯　(C) 屋外噪音源之位置高低　(D) 屋外噪音源之位置遠近。　　　　　　　（102 年）

11-11 （　） 有關表演廳之背景噪音的敘述，下列何者錯誤？　(A) 若使用浮式構造，可有效降低背景噪音　(B) 室內背景噪音與空調無關　(C) 室外噪音會影響室內背景噪音，因此需加強門窗及外牆壁之隔音性能　(D) 觀眾席座椅除了考慮舒適度之外，亦應考量噪音的產生。　　　　（103 年）

11-12 （　） 有關建築物室內噪音與振動防制方式之敘述，下列何者錯誤？　(A) 以頻率 1～250 Hz 範圍作為評估基準　(B) 室內裝修會影響隔音計畫　(C) 隔音罩適用於廠房內主要周

期性噪音源使用　(D) 主動式噪音衰減器是運用噪音之反相位處理裝置來完成。　　　　　　　　（103 年）

11-13 (　) 以下有關噪音量的敘述何者錯誤？　(A) 均能聲壓級就是噪音的時間平均量　(B) 單發噪音事件聲壓級多應用於短暫衝擊性噪音評估　(C) 時間累積百分比級可用於工地機械作業噪音評估　(D) 日夜聲量級多用於航空噪音評估。

11-14 (　) 以下有關環保署之噪音管制條例何者不正確？　(A) 夜間噪音量指晚上 11：00 至隔日上午 7：00　(B) 醫院、學校多屬於第一類管制區　(C) 機場周圍噪音管制區劃分依據日夜聲壓級　(D) 低頻噪音是指 20～2000Hz 之頻率範圍。

11-15 (　) 有關環保署的噪音防制基準內容，下列何者錯誤？　(A) 依據地區特性（都市計畫區與非都市計畫區）分成四類管制區　(B) 噪音的評定方式除間接性噪音外以均能音量為主　(C) 營業與工廠場所之管制區音量相同　(D) 噪音評定一般需採樣 2 分鐘以上之均能音量。

11-16 (　) 有關噪音評估 NC 曲線的評定規定何者有誤？　(A) 評估頻率範圍為 63～8000Hz　(B) 音樂廳建築背景噪音標準為 NC35（空調關閉）　(C) NC 值之評定是以各頻中最大聲壓級來決定　(D) NC 值愈大，表示愈吵鬧。

11-17 (　) 有關臺中大都會歌劇院之聲學設計，下列說明何者不妥？　(A) 空調出風採上吹式設計主要是顧及殘響不要太高　(B) 座位席是展演空間重要吸音元素　(C) 涵洞式建築在音響評估上並無直接關聯性　(D) 建築縮尺模型模擬聲音現象有助於提高聲學計畫正確性。

第十二章　電聲系統

　　本單元介紹建築設備學中通常獨缺之單元——電聲設備。它在建築物理環境中的重要性爲何與建築師在空間設計上非常重要的美學相關的揚聲器配置法則作爲敘述重點。音響在設備學中重要的電力設備雖然有關聯，但是若要使電聲設備使用得經濟且有效率，以及它的正確評價方式，透過本單元逐步介紹後可以有耳目一新的認識。另外，作者在對於現存的都會區巨蛋設施爲何經常有音量過度的陳情事件，其主要原因歸咎於建築師未經過專業評估與好的揚聲器配置計畫，導致聲能沒有完全投給觀衆，而是讓多餘音量透過不良隔音或揚聲器而影響到周邊居民。因此揚聲器配置重點也成爲本單元敘述的主體。

12.1 電聲設備的功能

　　業務用電聲設備稱爲電聲系統（public address system, PA），簡稱 PA 系統；本單元敘述廳堂內最基本的 PA 系統規劃，包括揚聲器（俗稱喇叭）配置基本設計及 PA 系統規劃基本條件來陳述。電聲之使用目的可分爲五種：

　　一般背景播放（background music, BGM）。

　　音量加強（sound reinforcement）：廳堂、演唱會場等。

　　效果音：歌劇爲主，迴響附加裝置、音色加工裝置等。

　　音樂再生：音樂伴奏、背景和聲等。

　　聲場控制：音響性能改善、清晰度改善等。

　　電聲輔助使用成功之實例其一為德國有名的化工鉅子 Hoecst 公司的 100 週年紀念講堂,使用殘響附加來提高廳堂迴響時間於直徑 78 m 的圓形空間內。如圖 12.1,經過迴響的附加裝置使得迴響時間達到紀念講堂該有的演奏需求。這是一個單純的裝置,如圖 12.2,它以 96 支喇叭將舞臺上埋設的麥克風經過迴響室加強迴響聲能後再將其送回到講堂內的揚聲器。其原理非常單純,也解決了當時迴響不足的困擾。第二有名的音響附加裝置案例在英國倫敦,它利用 200 個共鳴迴路來補償倫敦 Royal Festival Hall 中 60 Hz～2 kHz 間音量的不足(圖 12.3)。稱為 AR 共鳴迴路(assisted resonance)系列,是古典樂專用設計的音響附加裝置。

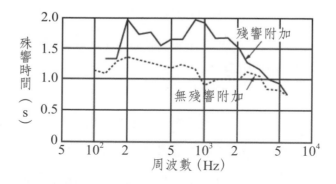

圖 12.1　經過迴響的附加裝置使得迴響時間達到紀念講堂該有的演奏需求

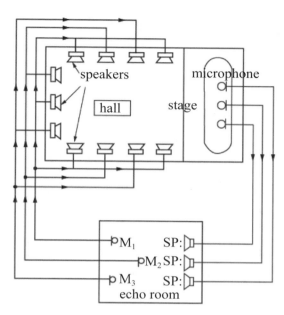

圖 12.2　以舞台上埋設的麥克風經過迴響室加強迴響聲能後，再將其送
回到講堂內的 96 支揚聲器，利用迴響室（echo room）的放音
與收音設備來控制增減

圖 12.3　倫敦 Royal Festival Hall 中 60 Hz～2 kHz 間音量的不足利用左
側 AR 共鳴構造，埋在天花內進行對空間音響的改善

12.2 PA 最重要之音響器材──喇叭

　　基本構造分類是依聲音放射構造之差異性，大致分為兩大類：

cone（錐面）speaker

horn（號角）speaker

　　動圈式錐面（cone）喇叭的主要原理是以帶電線圈隨音波形成的跳動磁場，帶動紙盆的定心支片（音圈）振動，將聲能藉空氣送出。紙盆是揚聲器的聲音輻射器件，決定著揚聲器的放聲性能，所以紙盆要求既要質輕又要剛性良好，不能因環境溫度、濕度變化而變形。號角（cone）喇叭沒有傳統的音圈設計，振膜是以非常薄的金屬製成，電流直接流進道體使其振動發音。由於它的振膜就是音圈，所以質量非常輕，暫能反應極佳，高頻響應也很好。不過絲帶式單體的效率和低阻抗，對擴大機一直是很大的挑戰，Apogee 可為另一種方式代表它是有音圈的，但把音圈直接印刷在塑膠薄片上，這樣可以解決部分低阻抗的問題；Magnepang 是此類設計的佼佼者。確切地說，揚聲器的工作實際上是把一定範圍內的音頻電功率訊號，通過換能方式轉變為失真小並具有足夠聲壓的可聽聲音。而揚聲器中除喇叭單體外，另一個重要構造是分頻器，將信號分成高、中、低頻信號，再傳遞給高、中、低音單體，雖然分音的目的達到了，但分頻器內部的被動元件，卻也消耗掉擴大機的輸出功率。例如三音路喇叭，有二個分頻器，控制低音、中音及高音輸出，喇叭假設標示分頻點是 400 Hz 與 4000 Hz。

　　喇叭之指向性是指一般低音以喇叭開口軸線方向放射，但高音則易產生側向高音放射（side rope）現象，導致喇叭發生聲音迴授

（howling）。如圖 12.4，特別是傳統的錐面喇叭最易發生此種現象。

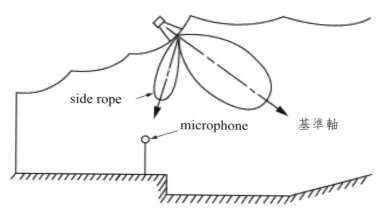

side rope

microphone 基準軸

圖 12.4 一般低音喇叭以開口軸線方向放射，但高音則易產生側向高音
放射（side rope）現象

　　揚聲器規格與參數中幾個必須特別注意的項目有額定功率（W），
額定阻抗（Ω）、頻率特性、諧波失眞（total harmonic distortion,
THD）、指向性等。分述如下：

　　1. 揚聲器的額定功率是指揚聲器能長時間工作的輸出功率又稱
爲不失眞功率，當揚聲器工作於額定功率時，音圈不會產生過熱或機
械動過載等現象，發出的聲音沒有顯示失眞。

　　2. 揚聲器的額定阻抗是指揚聲器在額定狀態下，施加在揚聲器
輸入端的電壓與流過揚聲器的電流的比值。揚聲器的額定阻抗一般有
2、4、8、l6、32 歐姆等幾種。揚聲器額定阻抗是在輸入 400 Hz 訊號
電壓情況下測得的。

　　3. 諧波失眞：揚聲器的失眞有很多種，常見的是多由揚聲器磁
場不均勻以及振動系統的畸變而引起，常在低頻時產生。較好的揚聲

器的諧波失真指標不大於 5%。

　4. 頻率特性在頻譜中各個頻率的發音能量大小差距（相鄰頻率間 <10 dB）會影響喇叭發聲品質的好壞，盡量選擇在頻譜中能量穩定（均一）的喇叭，才能避免迴授現象產生。如圖 12.5，將上圖之錐面喇叭的頻率響應與下圖之號角喇叭作比較，錐面喇叭的頻率響應比較平坦，這是好的喇叭系統的基本要求。

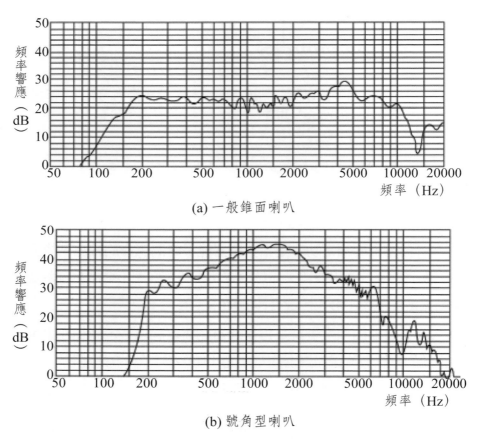

(a) 一般錐面喇叭

(b) 號角型喇叭

圖 12.5　上圖之錐面喇叭的頻率響應與下圖之號角喇叭作比較

12.3 喇叭的特性

指向性（directivity）是喇叭於中軸線上能量的集中度；以 Q – 指向係數爲代表，其計算依據爲：

$$Q = I_{r0} / I_m$$

其中，I_{r0} 指基軸上 r 距離之聲強，而 $I_m = P(watt)/4\pi r^2$（球面平均聲強）。

集中度愈高製造技術愈困難。即 High Q 喇叭有製造的難度（指 Q = 10 以上）。圖 12.6 顯示一個埋入牆面之指向係數 Q = 2 的喇叭聲強分布圖；另外，圖中標示出

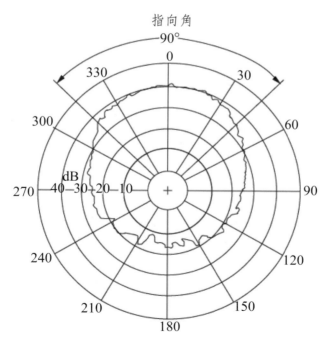

圖 12.6　一個埋入牆面之指向係數 Q = 2 的喇叭聲強分布圖

　　喇叭的主要出力角度為 90°。這個稱之為指向角的特別角度，以基軸兩側聲強下跌 6 dB 之夾角來定義之。然而，有些喇叭在測量各向聲強時，因分布的不連續狀態造成下跌 6 dB 之夾角較不易分辨；因此，喇叭的指向係數較為準確通用。如遇上喇叭群的揚聲器構造時（通常因應需求之大音量，喇叭數會增加或以群集方式出現），又稱系統（stocking）喇叭。由於彼此單體間發聲的干涉現象，依據喇叭彼此間的角度，產生不同的干涉情形，尤其是於干涉位置產生各頻率之干涉角 θ，是因干涉現象產生的能量巨幅衰減位置。如圖 12.7 所示，四種不同群集方式產生不同的干涉角 θ，可以利用下式預期干涉角 θ 位置：

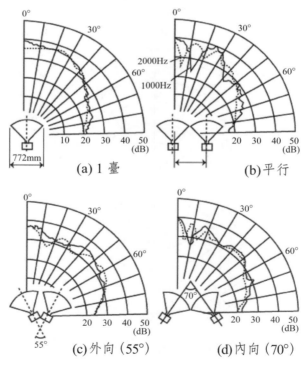

圖 12.7　四種不同群集方式產生不同的干涉角 θ，與干涉的頻率

$d \sin \theta = \dfrac{\lambda}{2}$，其中 d 指兩顆喇叭之中軸距離

Example : $1000\ Hz, \lambda = 34\ cm, d = 77.2 \Rightarrow \theta \cong 12.7°$

喇叭配置與可能的聲場效益息息相關，尤其是建築師以美學角度來配置時，特別要注意後述的一些重要設計要求。

12.4 電聲使用基本條件

電聲系統絕非為美觀而設置，它有幾個設置的基本條件，我們將之整理成三個面向；包括聲音清晰度（articulation）、不產生迴授（howling）與足夠的音量（gain）三個電聲使用基本條件。我們將分述如下：

1. 聲音清晰度

語音清晰度依據美國電工協會（American National Standards Institute, ANSI 3.5, 2003）規定，於公共建築中將語音清晰度列為室內火警警報系統中的最低要求（Jacob, 2001）。更遑論一般廳堂中對於音樂再生的清晰性能要求，因此我們將之列入第一條件。根據建築聲學研究，清晰度條件有二；首先是「低迴響」，再者為「近距離」。首先我們先定義出聽眾、舞臺聲源及麥克風與喇叭位置關係。如圖 12.8，圖中於舞臺上聲源 T 與麥克風 M 關係，以及觀眾位置 A 及喇叭位置 S 等。d_{SA} 表示喇叭到聽眾距離；根據 PA 的製造大廠 Altec Lansing 所提供，最起碼之 d_{SA} 距離應小於四倍的餘響半徑 r_c 為：

$$r_c = 0.14(QR)^{1/2}, R = \frac{\overline{a}S}{1-\overline{a}}$$

$$(d_{SA})_{\max} < 4r_c$$

其中 R 稱為室指數，表示空間的吸音條件。而 Q 即本單元所指喇叭的指向係數。例如，1500 席之廳內，r_c = 14.5 m 在清晰度不受損情況之最大距離為 56 m。

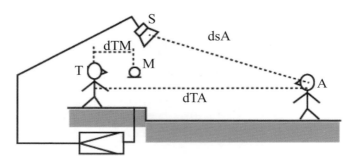

圖 12.8　顯示舞臺上聲源 T 與麥克風 M 關係，以及觀衆位置 A 及喇叭位置 S

　　此外，在語音清晰度上一般常採用之檢定方式有二；它們是語音傳輸指標（speech transmission index, STI）與子音損耗率〔articulation loss of consonants, Alcons（％）〕。兩者都是以西方語系爲基準所開發而成的檢定計算；且兩者是可以互通的。首先，子音損耗率它可根據空間迴響時間 T_{60} 來粗略估算如下：

$$Alcons\% \approx \frac{200D^2 T_{60}^2 (1+n)}{QV}, \quad D \leq 3.16r_c$$

其中，D：揚聲器與聽者距離；n：相同揚聲器數量。
　　子音損耗率與語音傳輸指標之關係爲：

$$ALcons = 10^{\frac{1-STI}{0.46}}$$

$$STI = 1 - 0.46 \cdot \log(ALcons)$$

2. 不產生迴授

迴授現象在電聲設備的品質差或配置不良情況下非常容易發生。現代等化器的使用普遍性，使得在完工後將揚聲器側向高音放射（side rope）現象的危害降至最低。然而，將頻譜中高頻音調低，相對的聲音的自然度就受到損害。本單元介紹如何不使用等化器（equalizer）而不致產生電聲迴授現象的方法。電聲迴授是揚聲器進入麥克風的能量過大，使這部分能量瞬間循環加大的一種現象，因此我們假設 L_{MT} 為講者或聲源進入（fed in）麥克風的聲壓級；L_{MS} 為距離麥克風最近的揚聲器進入（fed in）麥克風的聲壓級。則於工程上應配置揚聲器使其最大出力時仍然可以保持 L_{MT} - L_{MS} > 6 dB。然而此時揚聲器給予聽眾的聲壓級 L_{SA} 應大於設計中座位區的需求聲壓級 L_A。L_A 的設計值通常教室約 70 dB、集合場約 80 dB，而宴會場約 85 dB。這稱為不產生迴授之安全設計範圍（howling margin）。在工程規劃階段便必須考慮這個規劃原則，才不致須透過等化器來修正。歸納本章節相關注意事項不產生迴授音之設計條件有：

(1) 發話者接近麥克風，喇叭接近聽眾配置。

(2) 使用指向性高（high Q）之麥克風及喇叭。

(3) 各器材之頻率特性應力求平坦，如圖 12.9 一個含有左、右聲道揚聲器之頻率響應，一般標準為 60 Hz～12 kHz，±4 dB；40 Hz～16 kHz，±6 dB。

(4) 室內作吸音處理，以降低迴響時間。

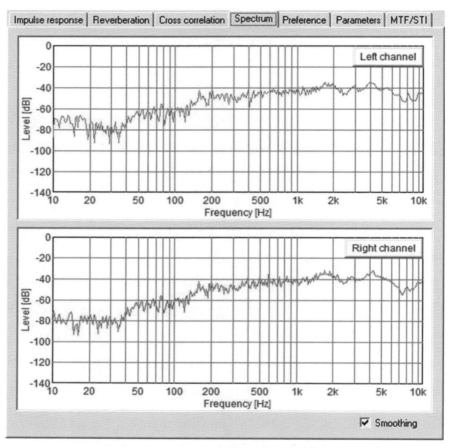

圖 12.9　含有左、右聲道揚聲器之頻率響應圖

3. 安全擴聲利得

　　安全擴聲利得（safety loudspeaker gain）是指在不產生迴授的基準下，電聲系統必須提供一定聲能量的基準。在基準確立時，安全利得要分兩個程序：(1) 喇叭置於舞臺麥克風前測試音壓 L_{MT}，然後以音控室放出相同訊號調整在舞臺麥克風量到 $L_{MT} - L_{MS} = 6$ dB。(2) 保

持前項狀態，量出座席上中央點（或標準點）音壓級 L_{SA}，然後比較是否達到 $L_{SA} - L_{MT} > -13$ dB，達到時即合格。而 -13 dB 則視空間量與匹配之電聲系統的總功率來訂定。在所需的擴聲之補償音量上還有幾種不同的規範，如有效穩定增益（effective stable gain），處於無迴授狀況下，客席上所能得到之聲壓級 L_A，即座席代表點需求聲壓。應等於

$$L_A - L_{MT} = G > -10\ dB$$

但如果 G 值低於 -20 dB 則嫌不足。

另一個常用標準為音響增益（acoustical gain），它是單純評價音量大小的基準，即音響增益 L_{AG} ＝ 擴聲級數 － 無擴聲設備時之級數。一般而言，室內 10～20 dB，野外可達 40～50 dB，極限以 *LMS* ＝ *LMT* 為範圍。

以上為擴聲之基本三條件，並整理電聲設備工程之音響性能驗收基本項目如下，提供讀者參考。

1. 最大聲壓級：約擴音器（power amplifier）之額定出力（W 數）之 1/3 時驅動喇叭達最大之級數時。如多目的廳堂代表點約 100 dB。

2. 聲壓分布：通常選擇 250 Hz～2 kHz，其級差約 ±3 dB 為標準。

3. 傳送頻率特性：125 Hz～5 kHz 間 8 dB 以內。

4. 電器殘留噪音：多目的低於 NC-20，音樂廳低於 NC-15。

5. 有效穩定增益 G > -8 dB。

6. 語音清晰度 RASTI > 0.55。

演練

問答題

12-1　擴音設備產生迴授（howling）現象之原因有哪些？請詳加說明其原因。

選擇題

12-2　（　）良好的電聲系統條件不包括下列何者？　(A) 具有足夠的餘響感　(B) 聲音清晰自然　(C) 聽眾席上的音量平均且充足　(D) 不發生迴授現象。　　　　　　　　　　（98 年）

12-3　（　）以下有關電氣音響設備之揚聲器特性之敘述，何者不正確？　(A) 錐面形揚聲器易產生側向高音放射（side rope）現象造成迴授　(B) 號角形揚聲器具較高的指向係數能將聲能傳送至遠處，故多用於戶外或體育場　(C) 避免迴授之安全擴聲利得需將揚聲器輸入低於目標聲源輸入 12 dB　(D) 揚聲器之指向角定義爲揚聲器基軸兩側聲強下跌 6 dB 之夾角。

12-4　（　）有關抑制擴音設備產生迴授現象之方式，下列何者不正確？　(A) 高頻音易放射於講臺位置，導致高頻部分產生迴授　(B) 麥克風相對於講者與揚聲器之聲壓差需大於 6 分貝　(C) 增加室內之吸音使混響（殘響）縮減　(D) 使用易產生側向放射（side rope）現象的揚聲器。

12-5　（　）擴音設備之清晰性物理指標下列何者不正確？　(A) STI > 0.55　(B) 喇叭與聽眾距離 < 四倍混響半徑　(C) Alcons<

15%　(D) 吸音率 < 0.2。

12-6 （　）以下哪些測量對象之敘述有誤？　(A) 頻率平坦測試是為防止迴授現象　(B) 子音損耗（Alcon%）是語音清晰的測試法　(C) 安全擴聲利得是為防止迴授現象　(D) 揚聲器之指向係數是用於評估語音清晰度。

12-7 （　）以下哪一項並不是 PA 系統設計的主要目的？　(A) 一般背景音樂播放　(B) 防止噪音混入　(C) 音量加強　(D) 聲場音效控制。

12-8 （　）有關揚聲器設計何者不正確？　(A) 指向性與指向角大小是決定揚聲器價格因素之一　(B) 分頻器是揚聲器中不可避免的組件之一　(C) 錐體揚聲器常用於高頻，號角喇叭常用於中低頻　(D) 揚聲器堆疊配置易發生干涉現象，使音頻損失。

12-9 （　）以下哪些不屬於揚聲器重要規格？　(A) 混響半徑　(B) 諧波失真　(C) 頻率特性　(D) 額定阻抗。

12-10 （　）下列有關電聲設計音量何者有誤？　(A) 安全擴聲利得是指發話者大於喇叭給予麥克風音壓固定在 6 dB 時，標準座位區對麥克風收音的音量　(B) 有效穩定增益與安全擴聲利得意義相同　(C) 音響增益一般在室外小於在室內　(D) 發話者接近麥克風，喇叭接近聽眾配置。

12-11 （　）以下有關電聲設備敘述何者有誤？　(A) 陣列喇叭的基本設計目的在穩定與足夠距離　(B) 於無響室內才能得到真正喇叭的頻率響應　(C) 一般在禮堂的音壓分布均勻度上最大差異為 10 dB　(D) 電器殘留噪音在多目的情況下低

於 NC-20。

12-12 ( ) 下列何者在體育館的電聲設計上可以不需考慮？ (A) 特
殊音效 (B) 清晰特性 (C) 音壓分布 (D) 有效穩定增
益。

第十三章 自然氣候概述

本單元以氣候變遷原因：氣溫、排水及氣壓概述與室內微氣候因子。

濕度、溫度及風速的關係作爲主要敘述重點。尤其以室內相對濕度與溫度及熱交換作爲最後重要的說明。

13.1 氣溫

地球表面來自太陽輻射形成晝間的第一熱源，其次爲大氣層吸收太陽輻射熱後，再釋放至地表的所謂晝間的第二熱源。如果沒有這個第二熱源的加持，地表面絕大部分將會是寒冷的。以目前白天有15℃的氣候來看，若缺第二熱源則氣溫會降至 −18℃。所以，地表氣溫是第一加上第二熱源的結果，缺一不可。地表在白天受兩個熱能灌溉後儲存的熱能會利用夜間釋放返回外太空，稱爲地表輻射而達成地表的熱平衡。然而，目前的地球因爲大氣層中充斥著「溫室氣體」，像二氧化碳、甲烷、氟氯碳化物、氮氧化合物等氣體，在大氣中會吸收地表往上散播的長波輻射，並進行往上及往下的長波輻射，因而會提高大氣對流層的平衡溫度，這種作用稱爲「溫室效應」（greenhouse effect）。當溫室氣體的濃度增加時，對流層的平衡溫度跟著升高，這就是所謂的全球暖化。暖化造成地球上水氣的蒸發加快，同時造成山地冰川和兩極冰原的融解，進而改變地表對短波輻射吸收的能力。這些過程都會改變大氣環流，並導致降水的強度改變和降水地區的移

動，這就是氣候變遷。

氣候變遷與解說氣候的範圍有關，這包括人為與非人為的部分，環境控制講究人為的部分，又稱為局部氣候（local climate），是人為手段可控制之區域範圍，或稱為微氣候。通常指小範圍的氣候特色，如都市熱島效應等。而非人為部分專指陸地某點離海洋遠近之關係，即所能獲得海洋濕潤之多寡。也是沙漠形成難易指數之一。並影響氣溫與降雨量，我們稱之為陸性率（continentality）。原因是海洋的散熱速度低於陸地。

溫度變化常以一天當中的氣溫變化作為衡量標準，時滯（time lag）則是指某物質當外界達到最高溫度時，讓物質將熱量吸收，經過某段時間後才使得該物質本身達到最高溫，此種時間之延遲現象謂之時滯。時滯愈長，當地之氣溫愈穩定。如綠化成功之城市或鄉村氣候；相對的，沙漠則時滯非常的短，溫度不穩定。日較差（daily range）則是指一天當中最高溫度與最低溫度之差距。此種較差主要受到當地之緯度、雲雨量、濕度、空氣品質及環境之影響，一般而言，雲層較多時日較差較小，晴天或沙漠地區則日較差較大。還有其他類似用詞，如月較差、年較差等。而綠建築計算每個地區的氣溫則以冷房度時（cooling degree hours, DH）為依據，它是指建築物使用時段內，逐時外氣溫高於某一冷房基準溫度（本地規範設定為 23℃）之全年溫差累算值，此數值代表當地全年之炎熱程度。還有其他類似用語，如暖房度時、冷房日射時等。

13.2 排水

在屋外排水或都市排水部分,我們將最大排水量作爲溝渠大小設計的基礎,此處的最大排水量可以利用下式來說明:

$$Q = \frac{1}{360} CIA$$

其中 Q:最大排水量或尖峰流量(m^3/sec)。

C:逕流係數(runoff coefficient),亦即某地區降雨量與致使逕流量增加之比值。

A:集水區面積(公頃)。

I:平均降雨強度(mm/hr)。

如圖 13.1 說明了傳統治水思維與現代綜合治水思維的差異,這對暴雨逕流減輕對策提供了很好的意見。因此,現代綜合治水思維降低開發區暴雨逕流之方法有:

1. 地表改良措施

(1) 減緩地表坡度,(2) 減緩水路坡降固床工、跌水工,(3) 增加流路長度,(4) 增加地表粗造度加強人工植生,(5) 增加透水性鋪面植草磚,(6) 透水瀝青混凝土,(7) 自然綠地及植生保存。

2. 滯蓄入滲措施

(1) 滯洪池,(2) 生態入滲調節池,(3) 人工濕地,(4) 入滲溝、入滲乾井。

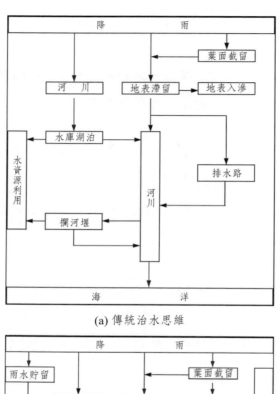

(a) 傳統治水思維

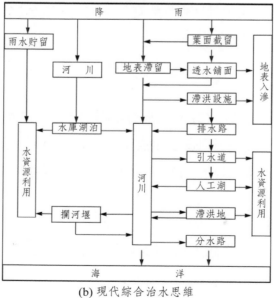

(b) 現代綜合治水思維

圖 13.1   暴雨逕流減輕對策在傳統治水思維與現代綜合治水思維的差異

3. 建築物雨水貯留設施

依現行建築物雨水貯留利用設計技術規範，其適用範圍為總樓地板面積達 30,000 m² 以上之新建建築物。除水源利用外，如能配合防洪需求運作，將可有效降低暴雨逕流。對於一般大樓或住宅建築，可朝修改建築法規發展，明定新建或重建之建物皆應設置雨水貯留設施，滯留部分雨水，共同分擔防洪責任。

在地區性排水量預測中，有一個重要的地理因子稱為「逕流係數」，它是指受集水區之地形、流域特性因子、平均坡度、地表覆被植生狀況、土壤特性等影響所產生的一個顯現地理區位差異的重要因素。逕流係數愈大則表示降雨較不易被土壤吸收，亦即會增加排水溝渠之負荷；逕流係數愈小則表示保水性能佳。如表 13.1 所示，區分土壤、都市區分、道路狀況等不同流域特性之逕流係數大小。

在建築屋頂排水部分，傳統思維以雨水立管管徑來對應於區域的最大排水量。如圖 13.2，雨水立管管徑在不同平均降雨強度下對應於最大排水量的規劃。

前述地域性氣候影響氣溫變化，以及本單元對於區域排水系統差異形成了「溫室效應」的情況加劇，我們將這種情況整理成下列易形成「溫室效應」的原因：

1. 建築物於白天大量吸收輻射熱，於晚上時逐漸釋回大氣中。
2. 建築物及車輛大量排放之熱廢氣無法擴散及反射回高空。
3. 植物之減少以致無法將熱能蒸發。
4. 空氣中之汙染物遮斷了輻射之熱交換。

表 13.1　區分土壤、都市區分、道路狀況等不同流域特性之逕流係數大小

流域特性（S 衰坡度）		C 值
草地	砂土 S < 2%	0.05～0.10
	砂土 2% < S < 7%	0.10～0.15
	砂土 S > 7%	0.15～0.20
	黏土 S < 2%	0.13～0.17
	黏土 2% < S < 7%	0.18～0.22
	黏土 S > 7%	0.25～0.35
商業區	城市	0.70～0.95
	鄉村	0.50～0.70
住宅區	單戶建築	0.30～0.50
	多戶分散建築	0.40～0.60
	多戶連棟建築	0.60～0.75
工業區	輕工業區	0.50～0.80
	重工業區	0.60～0.90
道路	瀝青	0.70～0.95
	混凝土	0.80～0.95
	人行道	0.75～0.85
公園墓地		0.10～0.25

　　5. 由於都市缺乏蒸發面，植物蒸散作用減弱，氣溫較高及降雨迅速排入溝渠等因素，使得都市之濕度均比郊區來得低，而其差異可達 5% 至 10% 左右。

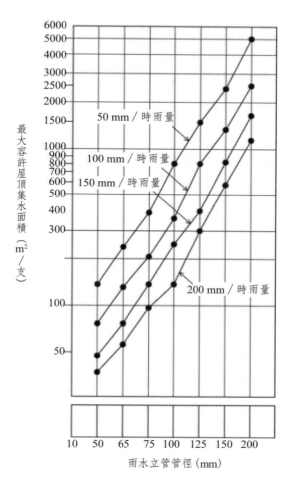

圖 13.2 雨水立管管徑在不同平均降雨強度下對應於最大排水量的規劃

13.3 氣壓

　　空氣爲大氣層之主要組成成分，具有移動性、壓縮性與膨脹性，且受到地心引力而有一定的重量。一般而言其密度約爲 1.3 kg/m³，

因空氣具有重量，故大氣對人體或地面均會產生壓力，此壓力約爲 86.4 kg/m²，而人體對如此大的壓力能承受而不自覺，乃係由於體內之液體與氣體能與外界氣壓產生平衡之故。大氣因氣溫改變，導致空氣密度變化，即熱空氣輕、冷空氣重。因此地區性熱空氣氣旋上升，形成周圍冷空氣的流入，造成靠近地表的風，更帶來水氣或雲雨，這些現象改變了地區性氣壓的變化。因此我們常常以氣壓來觀察地區性的氣候變化，即繪製等壓線圖作爲地區與地區間氣候變化的預測模式。氣壓表上所得之氣壓單位爲 mmHg，而一般氣象學均採用「毫巴」（millibar = 0.001 bar）爲單位，1 個 bar 大約相當於 760 mmHg 之水銀柱高，與海平面之氣壓相近。

各地氣壓不同便產生風，可就氣壓相同之點繪製成「等壓線圖」（isobars），觀察其反應快慢便可預測風向及風速。若有一不明顯之廣大低氣壓（< 1000 mb），風慢慢增強，極可能產生颱風。風對於建築周圍影響最明顯的就是「高樓風」的現象。對於高樓風的控制方法如下：（圖 13.3）

1. 較低的樓層突出以阻擋高樓風。

2. 開挖面位於 G.L 以下（採 open cut）以形成高樓風之保護區。

3. 利用植物或圍籬以避免高樓風之侵襲。

4. 中樓層之部分可採透空設計，以使得高樓風穿透及減弱對地面的影響。

5. 高層建築物愈高層則退縮愈大以阻擋及減弱高樓風。

6. 其他與周圍環境及地形地物作配合設計。

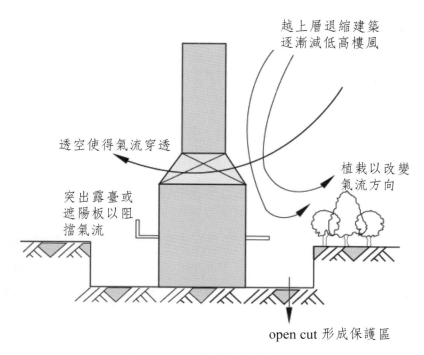

圖 13.3　高樓風的控制方法

13.4 室內微氣候

　　前述部分是以都市的規模來探討氣候的變化，而以下的單元將縮小其範圍到我們生活的室內部分。然而，這個室內微氣候並不是範圍縮小、內容減少。事實上，室內微氣候的議題非常繁雜。如建築物開口與自然換氣、外牆隔熱、室內表面或牆內部結露，乃至於空調計畫等。這些都是接下來要介紹的重點。首先讓我們先針對幾個室內微氣候的重要因子作定義說明。

1. 濕度

濕度在室內微氣候中舉足輕重，它是繼溫度之後最重要的室內熱環境因子。然而，談濕度可區分為相對濕度（relative humidity, RH）與絕對濕度（absolute humidity, Ha）。在談論相對濕度之前我們應先介紹飽和水蒸氣量，在封閉的室內，若水的來源不予潰乏，則飽和水蒸氣量因氣溫增加而位能增加，空氣增加了水分子承載的能力，飽和水蒸氣量會上升。如圖 13.4 中呈現溫度與飽和水蒸氣量成正比的現象。因此，我們定義相對濕度為同溫度時空氣之飽和水蒸氣量（g/m³）分之同溫度時空氣現有之含水蒸氣量（g/m³）。定義中飽和水蒸氣量乃空氣在某溫度時，所含水蒸氣量之最大值，若超過此量則結露變成水。此飽和水蒸氣量依溫度之不同而有所不同，一般而言，溫度

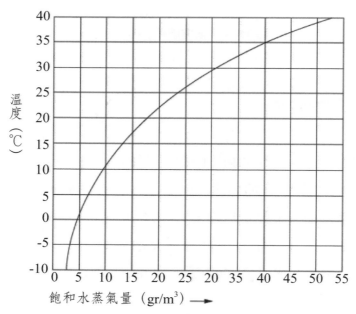

圖 13.4　溫度與飽和水蒸氣量成正比的現象

愈高飽和水蒸氣量也就愈大，亦即愈不容易使其達到飽和之意。相對於相對濕度，常用絕對濕度定義有三：

(1) 容積絕對濕度（Ha 或 σ）

$$Ha\,(g/m^3) = \frac{\text{水氣重量（g）}}{\text{每}m^3\text{之相同濕空氣}\,(m^3)}$$

(2) 重量絕對濕度（X）

$$X\,(g/kg) = \frac{\text{水氣重量（g）}}{\text{每}kg\text{之相同濕空氣}\,(kg)}$$

(3) 比濕（S）

$$S\,(g/kg) = \frac{\text{水氣重量（g）}}{\text{每}kg\text{之相同濕空氣}\,(kg)}$$

第 (2) 與 (3) 項之絕對濕度定義通常在冷凍空調的規劃中被使用。在此我們必須先介紹相對濕度的度量方法，最普遍與一般的測量相對濕度方法是乾濕球溫度計。如圖 13.5 中，一支溫度計包裹紗布或棉布，並浸泡於水中稱爲濕球溫度計，另一支則爲普通之溫度計稱爲乾球溫度計。濕球因空氣乾燥程度之不同而不斷蒸發，水分蒸發時則吸收周圍之熱量致使溫度降低，因此我們可以看出兩支溫度計的溫度不等。當然溫度差愈大，表示空氣中濕度愈小；當乾球、濕球溫度相等，則相對濕度是 100%。如表 13.2 中顯示無論空氣之溫度爲何，乾球與濕球溫度差愈大，其相對濕度逐漸減少。由以上我們了解溫度與相對濕度有著密切的關係，因此，底下我們介紹一個既可以依據乾濕球溫度找到相對濕度，又可以方便於空調冷熱交換計算的工具，它稱爲「空氣線圖」（psychrometric chart）。我們先呈現這個空氣線圖可以表示的內容及其單位於圖13.6。圖中kg表示濕空氣，而kg' 表示乾空氣。

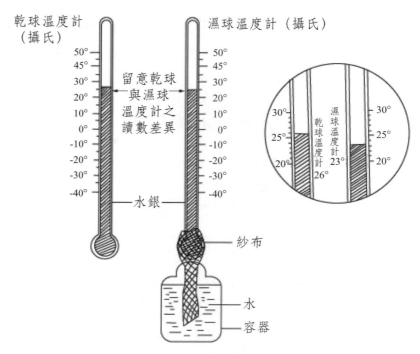

圖 13.5　乾濕球溫度計之使用方法

表 13.2　乾濕球溫度計量測相對濕度實例

| | 濕度 | 乾球與濕球溫度差（℃） | | | | | | | | |
		0.5	1.0	1.5	2.0	2.5	3.0	3.5	4.0	4.5	5.0
空氣溫度（℃）	10	94	88	82	76	71	65	60	54	49	44
	12.5	94	89	84	78	73	68	63	58	53	48
	15	95	90	85	80	75	70	66	61	57	52
	17.5	95	90	86	81	77	72	68	64	60	55
	20	95	91	87	82	78	74	70	66	62	58
	22.5	96	92	87	83	80	76	72	68	64	61
	25	96	92	88	84	81	77	73	70	66	63
	27.5	96	92	89	85	82	78	75	71	68	65
	30	96	93	89	86	82	79	76	73	70	67

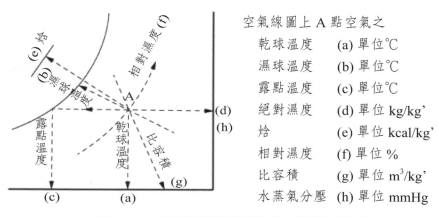

空氣線圖上 A 點空氣之

乾球溫度	(a)	單位 ℃
濕球溫度	(b)	單位 ℃
露點溫度	(c)	單位 ℃
絕對濕度	(d)	單位 kg/kg'
焓	(e)	單位 kcal/kg'
相對濕度	(f)	單位 %
比容積	(g)	單位 m³/kg'
水蒸氣分壓	(h)	單位 mmHg

圖 13.6　空氣線圖可以表示的內容及其單位

　　空氣線圖除乾濕球溫度與相對濕度之表示外，還有下列非常重要的室內微氣候因子：

1. 露點溫度（dew point temperature, DP）

　　溫度愈低其所含之飽和水蒸氣量亦愈低，因此若某空氣其溫度降低至某一溫度時，則可形成飽和狀態，若溫度持續降低則多餘之水氣量會轉化成水或冰，此謂之結露現象（vapor condensation）；其達到飽和時之溫度則謂之露點溫度。

2. 焓（enthalpy, kcal/kg'）

　　又稱之為熱焓，以 0℃ 乾空氣之含熱量作為基準，濕空氣在某溫度時含有熱量之多寡程度謂之（熱）焓。

3. 潛熱（latent heat）

大多數之物質可藉由溫度之高低而形成三態（氣、固、液）之變化。若熱量產生變化但溫度卻無變化時謂之潛熱，反之若熱量產生變化而溫度也隨之改變時則謂之顯熱。如水沸騰時水蒸氣蒸發而水溫維持在 100°C。

接下來，圖 13.7 顯示一個完整的空氣線圖，我們以一個例證來查詢空氣線圖中的各個因子如下：

乾球溫（室溫）＝ 30°C

濕球溫＝ 26°C

相對濕度 RH ＝ 73%

水蒸氣分壓＝ 23.2 mmHg

重量絕對濕度＝ 0.0197 kg/kg'

維持相同絕對濕度之露點溫（DP）＝ 24.6°C

具熱焓 18.8 kcal/kg'

比容積＝ 0.884 m³/kg'

空氣的熱力學性質會隨海拔的高度而改變，因為隨著海拔的上升，空氣的壓力會降低，但水氣的含量仍然維持不變。因此，在高海拔情況下，一公斤乾空氣所含的水氣量，比在低海拔一公斤乾空氣所含的水氣為多，因此前者的絕對濕度、焓都比較大。由於這個原因，由空氣線圖上所查到的以上各值，必須依不同海拔（或不同大氣壓力）而加以修正。

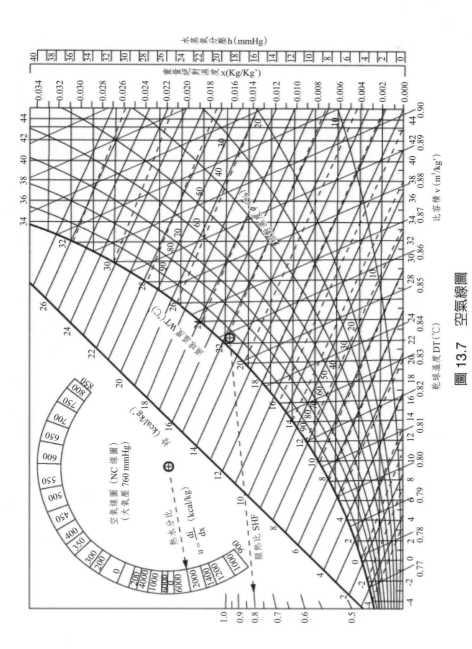

圖 13.7 空氣線圖

【例題 1】

在一教室內測得乾球溫度 30℃，濕球溫度 28℃，若要將乾球溫度降至 27℃，濕球溫度降至 24℃，則此教室之空調必須排出多少仟卡熱量？（乾空氣比重 1.185 kg/m³，室容積為 200 m³）

解：1. 空氣線圖中乾濕球溫得熱焓由 20.8 降至 16.9 kcal/kg'。

　　2. 室容積為 200 m³，乾空氣總重為

　　　　1.185 kg/m³×200 m³ = 237 kg'。

　　3. 因此溫度欲下降總排熱量為

　　　　(20.8 − 16.9) kcal/kg'×237 kg' = 924.3 kcal

【例題 2】

假設在無其他水分來源之室內，乾球溫度 30℃，濕球溫度 24℃的空氣中，要維持現有相同之水蒸氣重量情況下，室溫須降至幾度才可達到露點溫度（即飽和水蒸氣壓之室溫）？

解：欲具有相同之水蒸氣重量則為室溫降至相對濕度為 100% 之處，即乾球溫應降至為 22℃。

演練

計算題

13-1　解釋下列名詞：

1. 陸性率（continentality）　　2. 日較差（daily range）

3. 露點溫度（dew point temperature）

13-2　依空氣線圖，在一教室內測得乾球溫度 28℃，濕球溫度 25℃，若要將乾球溫度降至 24℃，濕球溫度降至 21℃，則此教室之空調必須排出多少千卡熱量？（乾空氣比重 1.185 kg/m³，室容積為 200 m³）

　　　註：總重量（放出熱焓之乾空氣總重）＝比重 × 容積

選擇題

13-3　（　）以下有關逕流係數之敘述何者不正確？　(A) 指都市地區之排水難易指標　(B) 黏土之逕流係數大於砂地　(C) 逕流係數與溝渠大小設計有關　(D) 逕流係數是區分都市排水區域之工具。

13-4　（　）下列何者不是熱島效應成因？　(A) 空氣中之汙染物遮斷了輻射之熱交換　(B) 植物之減少以致無法將熱能蒸發　(C) 都市降雨迅速排入溝渠，使得都市之相對濕度均比郊區來得低　(D) 都市中實施綠化製造都市蒸發面。

13-5　（　）下列有關室內微氣候之敘述何者不正確？　(A) 相對濕度是指空氣含水蒸氣量的體積比　(B) 溫度愈高飽和水蒸氣量也就愈大　(C) 比濕是指空氣含水蒸氣重量與當時每公

斤濕空氣的重量比　　(D) 露點溫度隨水蒸氣分壓或重量絕對濕度之改變而改變。

13-6（　）下列有關室內相對濕度之敘述何者不正確？　　(A) 乾濕球溫度計所測得之乾濕球溫度差愈大，表示空氣之相對濕度愈高　　(B) 熱焓愈高濕球溫度也就愈大　　(C) 乾濕球溫度計是利用水分蒸發時吸收周圍熱量致使濕球溫度降低　　(D) 物體受熱而熱量產生變化但物體溫度卻無變化，此時增加的熱量謂之潛熱。

13-7（　）關於空氣線圖之敘述下列何者錯誤？　　(A) 空氣線圖上之數據必須依不同使用地區之緯度來加以修正　　(B) 空氣線圖可配合乾濕球溫度計測量出相對濕度　　(C) 空氣線圖可利用來計算室內空調系統從空氣中需排除之熱量　　(D) 空氣線圖可以顯示地球表面某地區之氣候條件。

13-8（　）有關「時滯現象」，下列何者有誤？　　(A) 造成都市氣溫時滯現象之因素，為地表吸收熱量，慢慢散熱到空中　　(B) 時滯現象造成晴天日中午正 12 時之氣溫不是最高之現象　　(C) 木構造建築物之時滯時間，比磚構造建築物之時滯時間長　　(D) 時滯現象造成夏天晴天日之傍晚依然很熱。

（97 年）

13-9（　）有關都市氣候之敘述，下列何者錯誤？　　(A) 密集的街道和建物多半是熱容量大的建材所構成，造成熱量不易消散　　(B) 為了避免都市高溫化，都市建設必須具有非常良好的排水系統　　(C) 不透水鋪面的地面設計會使都市依賴地面水分蒸發調節溫濕度的可能性降低　　(D) 都市中人工熱

源，白天所累積的熱量只藉由夜間來消散，都市環境惡化

之現象依然存在。　　　　　　　　　　　　　（98 年）

13-10 （　）如圖，關於空氣線

圖變化的敘述，下

列何者錯誤？　(A)

從 0 到 1 的變化，

溫度降低，絕對濕

度沒變　(B) 從 0

到 2 的變化，溫度

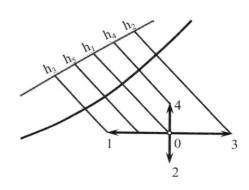

沒變，絕對濕度降低　(C) 從 0 到 3 的變化，溫度升高，

相對濕度沒變　(D) 從 0 到 4 的變化，溫度沒變，相對濕

度提高。　　　　　　　　　　　　　　　　　（99 年）

13-11 （　）有關都市熱島效應的敘述，下列何者錯誤？　(A) 都市熱

島強度指在夜間市中心最高溫與市郊最低溫之差　(B) 臺

灣的平均氣溫高，都市熱島強度較高於歐美國家　(C) 增

加公園綠地與透水鋪面，可以減緩都市熱島效應　(D) 衛

星紅外線遙測精準度高，但不適用於直接量測空氣溫度。

　　　　　　　　　　　　　　　　　　　　　（99 年）

13-12 （　）下列何種建築設計手法，所產生的都市熱島問題最嚴重？

(A) 牆面立體綠化　(B) 屋頂隔熱設計　(C) 入口廣場磁

磚水泥鋪地　(D) 停車格植草磚鋪面。　　　　（99 年）

13-13 （　）有關室外氣候之敘述，下列何者錯誤？　(A) 在晴朗之

日，太陽輻射量最大時刻在中午 12 時左右　(B) 一日之

中最高氣溫和最低氣溫之差值，稱為日較差　(C) 一日之

中絕對濕度和氣溫呈相反之變化　(D) 每 1 kg 乾燥空氣之濕空氣中，以顯熱及潛熱形態所含有之熱量，稱爲熱焓量。　　　　　　　　　　　　　　　　　　　（100 年）

13-14 (　　) 下列何者不屬於都市氣候的主要特徵？　(A) 高溫化　(B) 高濕化　(C) 平均風速降低　(D) 日射量減少。

（101 年）

13-15 (　　) 有關氣溫日較差之敘述，下列何者錯誤？　(A) 緯度越低，日較差越小　(B) 海岸地區比內陸地區小　(C) 沙漠地區比草原地區大　(D) 山地之高山越高處，日較差越小。　　　　　　　　　　　　　　　　　　　（102 年）

13-16 (　　) 高層建築發生地面高樓風的主要原因爲何？　(A) 室內通風條件良好　(B) 立面開窗面積過大　(C) 建築方位及立面設計不當　(D) 空調排熱風扇位置不當。　（102 年）

13-17 (　　) 空調原理中，關於表示空氣性質的濕空氣線圖，下列何種指標不在呈現範圍內？　(A) 絕對濕度　(B) 水蒸氣分壓　(C) 顯熱比　(D) 輻射溫度。　　　　　　　　（102 年）

13-18 (　　) 下列何者可用來表示某地區氣候的長期炎熱程度？　(A) 較差　(B) 絕對最高溫　(C) 暖房度時　(D) 冷房度時。

（102 年）

13-19 (　　) 有關室內空氣之敘述，下列何者錯誤？　(A) 若已知某空氣之乾球溫度與濕球溫度，則可求得該空氣之相對濕度、水蒸氣壓及熱焓量　(B) 相對濕度相等時，若乾球溫度不同，則 1 m³ 空氣中所含水蒸氣量會不同　(C) 爲了保持相對濕度爲一定值，若提高乾球溫度，則必須進行除濕

(D) 乾球溫度為一定值，若相對濕度愈低，則其露點溫度愈低。　　　　　　　　　　　　　　　　　　（103 年）

13-20 (　) 下列何種建築外形設計對降低高樓風無明顯效果？　(A) 減少開窗面積及設計強化玻璃　(B) 增加陽臺及水平遮陽設計　(C) 降低建築高度　(D) 調整平面形狀與牆面弧線。
　　　　　　　　　　　　　　　　　　（103 年）

13-21 (　) 在一教室內測得乾球溫度 30℃，濕球溫度 26℃，若要將乾球溫度降至 27℃，濕球溫度降至 24℃，則此教室之空調必須排出多少千卡熱量？（乾空氣比重 1.185 kg/m^3，室容積為 200 m^3）　(A) 1089　(B) 924　(C) 725　(D) 498。

13-22 (　) 下列何者敘述不正確？　(A) 一個地區的時滯愈長，氣溫愈高，常易造成沙漠　(B) 空氣具有重量，受到地心引力作用形成氣壓變化　(C) 日較差是指一天當中最高溫度與最低溫度之差距　(D) 影響一個地區的風速與氣壓有關。

13-23 (　) 有關陸性率與局部氣候下列何者不恰當？　(A) 陸性率通常用於形容水對人類生活的重要性　(B) 熱島效應是都市局部氣候的一種調節作用　(C) 陸性率是沙漠形成難易指數之一　(D) 陸性率會影響一個地區的氣溫與降雨量。

13-24 (　) 太陽幅射與空氣反幅射下列何者錯誤？　(A) 是地球表面溫度的主要來源　(B) 與地表幅射間相互平衡是良好都市熱環境特徵　(C) 溫室效應是地表幅射無法適當回到大氣的現象　(D) 空氣反幅射在都市地區應盡量避免。

13-25 (　) 關於露點溫度之敘述下列何者錯誤？　(A) 是討論 RC 牆中因水分子破壞的因素之一　(B) 在同一環境條件下露點

溫度固定不變　(C) 露水產生之條件通常是遇到低溫之環境　(D) 露點溫度並非一定在 100% 的相對濕度。

13-26 (　) 以下有關相對濕度之敘述何者不正確？　(A) 是空氣中飄浮水分子體積分量指標　(B) 是以同溫之飽和水蒸氣重量作爲基準　(C) 同一空間室溫愈高空氣之飽和水蒸氣重量愈大　(D) 在封閉的空間中氣溫不改變時，相對濕度也不改變。

第十四章 室內熱環境

14.1 室內氣候度量

　　本單元為接續上個單元之室內微氣候所談到有關氣溫、濕度等議題，對於人在室內熱環境下的反應，與這些熱環境因子的衡量與計測方法。首先人類由於活動工作中必須消耗熱量，因此要藉著食物來補充熱能。而人類之生理機構會對身體本身及周圍之熱量予以調整平衡，故人體可經常維持一定的體溫。此項體溫之平衡可藉由下式來表示之：

$$S = M - E \pm R \pm C$$

其中 M：體內所產生之熱量（W）

　　E：人體蒸發作用散失的熱量（W）

　　R：周圍輻射作用所吸收或散失之熱量（W）

　　C：人體對流作用所吸收或散失之熱量（W）

　　若 S＝0 時則為人體感覺最舒適的情況。若 S＞0 則人體感覺漸熱；若 S＜0 則人體感覺漸冷。

　　這個敘述是指出一個人在室內熱環境的外在因素；反之，其內在因素是指人體代謝率、著衣量及種族、年齡、性別的差異。底下我們將一般室內熱環境的外在因素逐一敘述其測量工具。

1. 濕度

　　對於室內微氣候的濕度，我們可以乾濕球溫度計來估算，並透過

空氣線圖把空氣中含水量與熱交換進行評估。乾濕球溫度計對於濕度而言是一個主要的探測儀器，而非絕對的關係。除了乾濕球溫度計外，仍有很多濕度感測器可以應用。其原理包括四種，即當水氣變化時：

(1) 影響阻抗值或電容值的變化

(2) 產生氣體而改變熱傳導率

(3) 影響晶體振動子的共振頻率

(4) α 射線穿越水滴而造成的衰減、光的吸收及反射

　　濕度感測器，依材質及構造上以高分子濕度感測器最為常見，高分子濕度感測器具有兩種不同類型，分別為電阻變化型及電容變化型。顧名思義，兩者間是依照感測器上之阻抗值或電容量的變化來轉換出濕度值。而電阻型之精密度較差，約於 2% 以內，但其體積較小，使用較為方便。電容型之容量變化小，靈敏度較低，但重現率高，隨時間變化小，但與其配合之振盪電路複雜，使用上較為困難。

2. 氣流

　　對於氣流（即風速）之變化主要之測試儀器稱為卡達（Katathermometer）溫度計。溫度計水銀球部分較一般水銀溫度計容量大，可以敏銳地感受風速之大小，因此可謂之氣流的主要測量工具。冷卻力（dry Kata, W/m^2）k 可以下式表示其大小：

$$k = (309.65 - TD)(8.37 + 16.74\ V^{1/2})$$

　　表示因輻射或蒸發之冷卻力（for velocity > 1 m/s）可以是 TD = 乾球溫（°K）與 V = 空氣流速（m/s）之參數。Kata 溫度計若以濕布包起時，則稱為濕 Kata 溫度計（wet Kata）。乾 Kata 係依輻射及對流

而放熱，可表示人體不出汗時之感覺，一般而言若 k = 6 則人體感覺舒適，k > 6 則人體感覺涼爽，k < 6 則人體感覺悶熱。濕 Kata 則依蒸發而放熱，而可表示人體在出汗時之感覺。

3. 輻射

在周壁輻射熱方面，最主要的測量工具是球溫度計（globe thermometer, GT）。此溫度計可用於測量氣溫、氣流、周壁輻射三個綜合效果。若周壁輻射大時，溫度計吸取黑色銅球之輻射，而使球內之溫度較一般室內溫度來得高；反之則較低。其與乾球溫度計所測得之溫度差別則稱為溫差（或稱為有效輻射），此溫差除輻射外因為還受到風的影響，所以球溫度計所測得之數值並不能視同全部輻射的結果。

14.2 室內環境指標（I）── 有效溫度

1. 有效溫度（effective temperature, ET）是綜合溫度、濕度及風速而來。它藉由人體實驗，建立標準室（A 室）：風速 v = 0，相對濕度 RH = 100%，及溫度可調調整室（B 室）：如 A 室參數均可作調整來直接比較於兩室中三種熱因子的變化與感受。因此，有效溫度是一個以溫度、濕度及風速三種因子的綜合感受來訂出的室內熱環境評估值。如圖 14.1，人體最適有效溫度 ET 可以由乾濕球溫度計來查表得知。例如 DT = 30℃，WT = 26℃，v = 1 m/sec 可以查出 ET = 26.3℃。溫度、風速及濕度可以是一個組合，代表同一個有效溫度可以有不同的組合（B 室），而以一個單一參數 ET 來呈現。

很可惜的是有效溫度以 RH = 100% 為標準之錯誤，因人體之舒

適濕度為 40～60% 因此，新有效溫度（ET*）取空氣線圖上 RH = 50% 之 DT 來表示，解決了有效溫度以 RH = 100% 為標準之錯誤。（ASHRAE，著衣量 0.8，v < 0.25 m/s）

此外，根據美國冷凍空調協會（ASHRAE）認為有效溫度以溫度、風速及相對濕度三個因子考慮人在室內針對環境熱環境的感覺還是不足。因為在寒帶氣候必須加入熱輻射的考慮，冬季周壁溫低，或夏季玻璃吸熱等時候，都必須考慮熱輻射，因此以作用溫度（operative temp., OT）替代 ET*。以球溫度計求平均輻射溫度（MRT），再與室溫平均才合理（v < 0.2 m/s）。作用溫度的計算如下：

$$OT = \frac{MRT + ta}{2}$$
$$MRT = tg + 0.237\sqrt{v}\,(tg - ta)$$

其中，tg 為球溫度計上刻度，ta 為氣溫，v 為風速。

2. 人體代謝量（metabolic rate）與著衣量（clothing）

代謝單位（met）一個標準成年男子靜坐時產生之代謝量，以 1.0 met 來表示，其大小大約為 58.2 W/m²。著衣量指人所穿的衣服之隔熱性對人體冷熱感覺的影響。著衣量的隔熱單位以 clo 來表示，所謂 1.0clo 的著衣量是指氣溫 21.2℃，相對濕度 50%，氣流 0.1 m/s，靜坐之條件下感到舒適的衣服。這條件是以人平均皮膚溫 33℃，代謝量 1 met 中 76% 經過衣服放熱，身邊空氣熱阻 0.12 m²℃/W 為標準來計量的。

3. PMV (predicted mean vote) & PPD (predicted percentage of dissatisfied)

所謂 PMV 指標乃是一種堪稱最完備之熱環境指標，已列入國際標準之列，為丹麥學者 P.O. Fanger 所研究；乃是將 1300 位左右的人，置於「人工控制熱環境實驗室」中進行實驗，再將心理量依氣溫、濕度、氣流、著衣量及工作強度等物理量進行統計分析，以歸納找尋出舒適與不快之範圍，所確立之 PMV 與 PPD 評估指標。其室內之溫暖感比較如表 14.1。

表 14.1　PMV 指標與室內之溫暖感比較

人體感覺	冷	涼	稍涼	舒適	稍暖	暖	熱
PMV 值	-3	-2	-1	0	1	2	3

使用 PMV-PPD 曲線（圖 14.1），可以獲得不同著裝、從事不同活動的人在環境中的溫熱感覺。國際標準化組織 ISO 7730（12-15-1994）已規定 PMV：−0.5～0.5 範圍為室內熱舒適指標（ASHRAE 55-2004 亦有相關規定）。ASHRAE 的熱舒適範圍如圖 14.2 所示，OT 在 19～28 度之間的不同相對濕度分布中。而 PPD 與 PMV 之關係可以寫成：

$$PPD = 100 - 95\exp(-0.3353PMV^4 - 0.2179PMV^2)$$

至於 PMV 之計算須依據 ISO 7730 如下：

ISO 7730 之熱舒適度指標 PMV（predicted mean vote）計算公式

$$PMV = [0.303 \times e^{-0.036M} + 0.028]\{(M - W) - 3.05 \times 10^{-5} [5733 - 6.99(M - W) - P_a] - 0.42[(M - W) - 58.15] - 1.7 \times 10^{-5} M(5867 - P_a) - 0.0014M(34 - t_a) - 3.96 \times 10^{-8} \times f_{cl}[(t_{cl} + 273)^4 - (t_r + 273)^4] - f_{cl} h_c(t_{cl} - t_a)\}$$

M：基礎代謝率（W/m^2）

中華民國經濟部公布臺灣取值範圍 46～232

W：對外有效作功（W/m^2），一般取 0

t_a：空氣溫度（℃）

t_r：空間的平均輻射溫度（℃）

中華民國經濟部公布臺灣取值範圍 10～40

P_a：水的蒸氣分壓（P_a）。$P_a = $（相對濕度）$* 610.6e^{\frac{17.26\,t_a}{273.3+t_a}}$

f_{cl}：衣著表面積係數

中華民國經濟部公布臺灣取值範圍 0～1.25

I_{cl}：服裝熱組（m^{2}k/W）

中華民國經濟部公布臺灣取值範圍 0～2

h_c：對流熱傳係數（W/m^{2}K）

以冬季室內風速 0.15 m/s、夏季室內風速 0.25 m/s 計算，得到取值範圍 0.15～0.25

V_a：空氣流速，m/s

t_{cl}：衣服表面溫度（℃）。$t_{cl} = \dfrac{35.7 - 0.0275(M - W) + I_{cl}f_{cl}[4.13(1+0.01dT) + h_ct_a]}{1 + I_{cl}f_{cl}[4.13(0.01dT) + hc]}$

其中 $dT = t_r - 20$

如圖 14.1，推薦 PMV 之舒適範圍為 $-0.5 <$ PMV < 0.5。

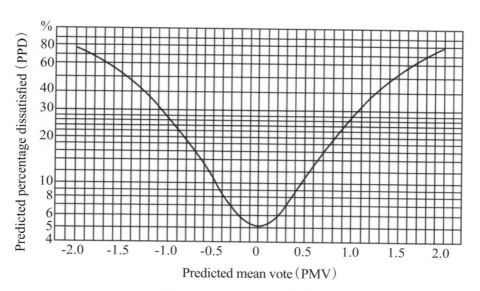

圖 14.1 PMV-PPD 曲線

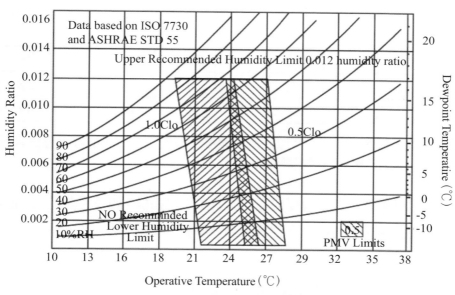

圖 14.2 ASHRAE 的熱舒適範圍

（資料來源：ASHRAE 55-2004）

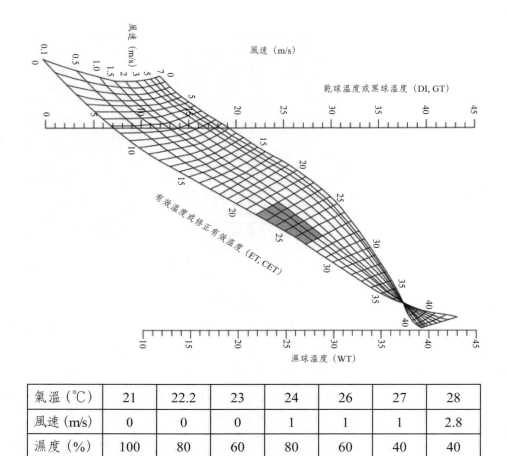

氣溫（℃）	21	22.2	23	24	26	27	28
風速（m/s）	0	0	0	1	1	1	2.8
濕度（%）	100	80	60	80	60	40	40

圖 14.3　有效溫度是一個以溫度、濕度及風速三種因子的綜合感受來訂出的室內熱環境評估值

　　另外仍然有些學者提出不同的室內環境指標，如等感溫度（equiv-alent temperature, EQT），它考慮到周壁溫度（tw）。

$$EQT = 30 + 0.6tw - (75 - ta)(0.4 + 0.07\sqrt{v}) \equiv 0.522ta + 0.478tg \\ + \sqrt{v}(0.0808tg - 0.0661ta - 1.474)$$

不快指數（discomfort index, DI）簡單地以乾濕球溫度計上的刻度來衡量：

$$DI = 0.72(DT + WT) + 40.6$$

$DI < 70$ 表舒適，$DI > 75$ 表微熱，$DI > 80$ 表出汗。

14.3 室內環境指標（II）—— 室內 CO_2 學說

大氣汙染指標通常以美國環境保護署（USEPA）之環境品質評議會（CEQ）所建議用來統一評估室外空氣汙染程度之空氣汙染指標（pollutant standard index, PSI）。1999 年修正為空氣品質指數（air quality index, AQI）。此指標屬於一種綜合汙染程度之評估基準，其評估方式係以五種主要空氣汙染源（SPM、SO_2、NO_2、CO、O_3）之濃度相乘之積所組成。其評估值介於 0 至 500 之間，而其評估之六級指標如表 14.2 所示；而汙染物濃度轉換則請參考表 14.3；其傷害程度則列於表 14.4。其中 SPM（suspended particulate matter, PM10）是指浮游粒子狀物質濃度。PM10 是指粒徑在 10 微米（$mm = 10^{-6}$ m）以下之浮游汙染粒子。而不同於 PM2.5 即粒徑在 2.5（mm）以下之粒子，它是近代最為人所知的致癌物，如肺腺癌形成主因的汽車廢氣等。美國環境保護署（USEPA）於 1 April 2014 將 PM2.5 加入主要空氣汙染源計算，並修正 AQI 之計算方式如下：

空氣品質分指數

對照各項汙染物的分級濃度限值，以細顆粒物（PM2.5）、可吸

入顆粒物（PM10）、二氧化硫（SO_2）、二氧化氮（NO_2）、臭氧（O_3）、一氧化碳（CO）等各項汙染物的實測濃度值（其中 PM2.5、PM10 為 24 小時平均濃度），分別計算得出空氣品質分指數（individual air quality index, IAQI）。

$$IAQI_P = [(IAQI_{Hi} - IAQI_{Lo}) / (BP_{Hi} - BP_{Lo})](C_P - BP_{Lo}) + IAQI_{Lo}$$

式中：

$IAQI_P$：汙染物項目 P 的空氣品質分指數

C_P：汙染物項目 P 的質量濃度值

BP_{Hi}：相應地區的空氣品質分指數，及對應的汙染物項目濃度指數表中，與 C_P 相近的汙染物濃度限值的高位值

BP_{Lo}：相應地區的空氣品質分指數，及對應的汙染物項目濃度指數表中，與 C_P 相近的汙染物濃度限值的低位值

$IAQI_{Hi}$：相應地區的空氣品質分指數，及對應的汙染物項目濃度指數表中，與 BP_{Hi} 對應的空氣品質分指數

$IAQI_{Lo}$：相應地區的空氣品質分指數，及對應的汙染物項目濃度指數表中，與 BP_{Lo} 對應的空氣品質分指數

空氣品質指數

$$AQI = max \{IAQI_1, IAQI_2, IAQI_3, \cdots, IAQI_n\}$$

式中：

IAQI：空氣品質分指數

n：汙染物項目

　　簡單來說，AQI 就是在各 IAQI 中取最大值。

AQI 大於 50 時，IAQI 最大的汙染物為首要汙染物。若 IAQI 最大的汙染物為兩項或兩項以上時，並列為首要汙染物。IAQI 大於 100 的汙染物為超標汙染物。

表 14.2　空氣汙染指標 PSI 評估之六級指標

空氣質量指數（AQI）	健康令人擔憂的程度	顏色
0 to 50	好	綠色
51 to 100	中等	黃色
101 to 150	不適於敏感人群	橘色
151 to 200	不健康	紅色
201 to 300	非常不健康	紫色
301 to 500	危險	棗紅色

計算單一汙染源例如下：

O_3(ppb) C_{low}-C_{high} (avg)	O_3(ppb) C_{low}-C_{high} (avg)	PM2.5 ($\mu g/m^3$) C_{low}-C_{high} (avg)	PM10 ($\mu g/m^3$) C_{low}-C_{high} (avg)	CO(ppm) C_{low}-C_{high} (avg)	SO_2(ppb) C_{low}-C_{high} (avg)	NO_2(ppb) C_{low}-C_{high} (avg)	AQI I_{low}-I_{high}
0-54 (8-hr)	-	0.0-12.0 (24-hr)	0-54 (24-hr)	0.0-4.4 (8-hr)	0-35 (1-hr)	0-53 (1-hr)	0-50
55-70 (8-hr)	-	12.1-35.4 (24-hr)	55-154 (24-hr)	4.5-9.4 (8-hr)	36-75 (1-hr)	54-100 (1-hr)	51-100
71-85 (8-hr)	125-164 (1-hr)	35.5-55.4 (24-hr)	155-254 (24-hr)	9.5-12.4 (8-hr)	76-185 (1-hr)	101-360 (1-hr)	101-150
86-105 (8-hr)	165-204 (1-hr)	55.5-150.4 (24-hr)	255-354 (24-hr)	12.5-15.4 (8-hr)	186-304 (1-hr)	361-649 (1-hr)	151-200
106-200 (8-hr)	205-404 (1-hr)	150.5-250.4 (24-hr)	355-424 (24-hr)	15.5-30.4 (8-hr)	305-604 (24-hr)	650-1249 (1-hr)	201-300
-	405-504 (1-hr)	250.5-350.4 (24-hr)	425-504 (24-hr)	30.5-40.4 (8-hr)	605-804 (24-hr)	1250-1649 (1-hr)	301-400
-	505-604 (1-hr)	350.5-500.4 (24-hr)	505-604 (24-hr)	40.5-50.4 (8-hr)	805-1004 (24-hr)	1650-2049 (1-hr)	401-500

建築物理環境

表 14.3 汙染物濃度轉換 AQI 濃度指數表

AQI 指數	臭氧 (O₃) 1 小時平均 / (μg/m³)	臭氧 (O₃) 8 小時滑動平均 / (μg/m³)	細顆粒物 PM2.5 (粒徑小於等於 2.5μm) 24 小時平均 / (μg/m³)	可吸入顆粒物 PM10 (粒徑小於等於 10μm) 24 小時平均 / (μg/m³)	一氧化碳 (CO) 8 小時平均 / (mg/m³)	二氧化硫 (SO₂) 1 小時平均 / (μg/m³)	二氧化硫 (SO₂) 24 小時平均 / (μg/m³)	二氧化氮 (NO₂) 1 小時平均 / (μg/m³)
0	-	0	0	0	0	0	-	0
50	-	108	12	54	5.038	91.7	-	99.64
100	250	140	35.4	154	10.763	196.5	-	188
150	328	170	55.4	254	14.198	484.7	-	676.8
200	408	210	150.4	354	17.633	793	799.1	1220
300	808	400	250.4	424	34.35	-	1582.5	2350
400	1008	-	350.4	504	46.258	-	2106.5	3100
500	1208	-	500.4	600	57.708	-	2630.5	3850

Note：假設某地區 PM2.5 之 24 小時偵測平均值為 12.0μg/m³，則其 IAQI 等於：

$$[(50 - 0) / (12.0 - 0)] (12.0 - 0) = 50$$

表 14.4 AQI 值對健康效應說明

AQI	定義	健康影響說明
0～50	良好	此指標範圍內，不影響健康，民眾不需要採取預防措施
51～100	普通	對身體較弱族群，如心臟病患、呼吸器官疾病患者等，健康無影響
101～199	不良	較敏感族群會有輕微惡化現象
200～299	極不良	心肺疾病患者明顯惡化，一般民眾可能有不適症狀，應都待在室內並減少活動
300～399	有害	身體症狀顯著惡化並減低一般人活動力
400～500	有害	可能造成疾病患者及老人提早死亡，一般民眾將出現影響生活情況

各國對於 AQI 各汙染物之管制標準不一（表 14.5），我國大都以美國空氣汙染指標作為參考，在地稠人多之臺灣都會區而言是非常不易之事。表 14.6 是中華民國環保署空汙最新相關法令，請參考。

表 14.5 各國空氣品質標準值比較

汙染物		臺灣	美國	加拿大	英國	澳洲	紐西蘭	香港	
PM10	濃度值	125 µg/m³	150 µg/m³	120 µg/m³	50 µg/m³	50 µg/m³	120 µg/m³	180 µg/m³	
	平均時間	24hr	24hr	24hr	24hr	24hr	24hr	24hr	
SO₂	濃度值	0.1 ppm	0.14 ppm	0.3 ppm	0.1 ppm	0.2 ppm	0.04 ppm	0.13 ppm	0.30 ppm
	平均時間	24hr	24hr	24hr	15 min	1hr	24hr	24hr	1hr

汙染物		臺灣	美國	加拿大	英國	澳洲	紐西蘭	香港	
CO	濃度值	9.0 ppm	9.0 ppm	15.0 ppm	10.0 ppm	9.0 ppm	8.7 ppm	8.7 ppm	26.2 ppm
	平均時間	8hr	8hr	8hr	8hr	8hr	8hr	8hr	8hr
NO_2	濃度值	0.25 ppm	0.053 ppm	0.4 ppm	0.15 ppm	0.12 ppm	0.15 ppm	0.07 ppm	0.15 ppm
	平均時間	1hr	an-nual	1hr	1hr	1hr	1hr	24hr	1hr
O_3	濃度值	0.12 ppm	0.08 ppm	0.08 ppm	0.05 ppm	0.10 ppm	0.047 ppm	0.12 ppm	
	平均時間	1hr	8hr	1hr	8hr	1hr	8hr	1hr	

表 14.6　環保署空汙相關法令

各項空氣汙染物之空氣品質標準規定如下：			
項目	標準值		單位
總懸浮微粒（TSP）	24 小時值	250	$\mu g/m^3$（微克／立方公尺）
	年幾何平均值	130	
粒徑小於等於10 微米（μm）之懸浮微粒（PM10）	日平均值或24 小時值	125	$\mu g/m^3$（微克／立方公尺）
	年平均值	65	
粒徑小於等於 PM2.5 微米（μm）之懸浮微粒（PM2.6）	日平均值或24 小時值	35	$\mu g/m^3$（微克／立方公尺）
	年平均值	15	

項目	標準值		單位
二氧化硫 (SO₂)	小時平均值	0.25	ppm（體積濃度百萬分之一）
	日平均值	0.1	
	年平均值	0.03	
二氧化氮 (NO₂)	小時平均值	0.25	ppm（體積濃度百萬分之一）
	年平均值	0.05	
一氧化碳 (CO)	小時平均值	35	ppm（體積濃度百萬分之一）
	8 小時平均值	9	
臭氧 (O₃)	小時平均值	0.12	ppm（體積濃度百萬分之一）
	8 小時平均值	0.06	
鉛 (Pb)	月平均值	1.0	μg/m³（微克／立方公尺）
中華民國 101 年 5 月 14 日行政院環境保護署環署空字第 1010038193 號令修正發布			

14.4 室內環境指標（III）── 室內 CO_2 學說

　　至於室內空氣汙染而言，主要來自人的呼吸及器具燃燒等。其含量可直接用於評估空氣品質。外氣所含 CO_2 的量約 0.04%（400ppm），其量甚少。各種空間具不同之容許限度（%）如表 14.7。國內對於室內空氣汙染之管制法令較為鬆散，如表 14.8 所示，國內僅於勞工安全衛生法中要求 CO_2 的容許含量。因此，在室內空汙的考量下，各種用途空間之所需換氣量（/hr）如表 14.9。

表 14.7　各種不同空間學者建議之 CO_2 的含量容許值

學者	說明	容許限度	學者	說明	容許限度
Pettenkofer Rietchel Zuntz	兒童 一般室內 長時間工作	0.035 0.1 0.07 0.15 0.10<0.30	ScharlingCarne- lyAnderson C.Lang U.Wolfflugel	夜間 小室	0.07～0.16 0.13 0.10 0.10～0.15

表 14.8　各國室內空氣汙染容許值比較

國別	一氧化碳 CO（ppm）	二氧化碳 CO_2（ppm）	浮游粉塵 PM10（mg/m³）	管制法令
中華民國	—	5000 ppm	—	勞工安全衛生法（工作環境）
日本	10 ppm 時平均值	1000 ppm	0.15 mg/m³	建築基準法施行令 建物管理法施行令
	20 ppm	—	—	學校保健法施行令第三條明示
	50 ppm	5000 ppm	同 ACIGH	勞動安全衛生法（工作環境）
美國	9 ppm	1000 ppm	0.15 mg/m³ 24 時平均值	ASHRAE 62～89 通風換氣基準
	48 ppm 8 時平均值	5000 ppm （TWA） 8 時容許值	2 mg/m³（游離矽酸 30％ 以上） 5 mg/m³（游離矽酸 30％ 以上） 10 mg/（其他）	美國勞動衛生專門會議（ACIGH）（工作環境）
加拿大	11 ppm 日平均值 25ppm 時平均值	3500 ppm 時平均值	0.04 mg/m³ 建議值 0.1 mg/m³ 時平均值	

國別	一氧化碳 CO（ppm）	二氧化碳 CO_2（ppm）	浮游粉塵 PM10（mg/m³）	管制法令
中國	—	1500ppm	—	中小學建築設計規範第七章
荷蘭	9ppm 8 時平均值 35ppm 時平均值	—	0.14 mg/m³（PM10）日平均值	—

空間換氣次數以 CO_2 的含量來估計時爲 $n = \dfrac{Q}{V}$，而成人每人每小時約需 30 m³ 之換氣量，其中，Q：換氣量（m³/hr）；V：室容積（m³）。

間接之換氣量測定方法上，依據勞安法：容許值爲 5000ppm = 0.5%。

CO_2 所需換氣量計算根據下式：

$Q = \dfrac{Cr}{Ca - Co}$（m³/hr）計算之，其中：

Q：所需換氣量（m³/hr）；Cr：室內發生 CO_2 的量（m³/hr）；
　　Ca：CO_2 的容許值

Co：外氣之 CO_2 的量（一般爲 0.04%）

註：ppm 表示體積比，是空汙表示單位（ppm = 10^{-6} = 10^{-4}%）。

表 14.9　各種用途空間之所需換氣量（/hr）

建築用途	換氣量		換氣次數	
	每人需要量（m^3／人）	單位面積需量（m^3/m^2）	機械換氣（次／hr）	自然換氣（次／hr）
劇院	30～50	75	9～11	―
教室	30～60	20	6	3～6
銀行	30	12～15	4～5	3～6
辦公室	30	12	4	3～6
百貨店	30	15	5	3～6
理髮美容院	30	15	5	3～6
走廊	―	15	5	4.5～9
工廠	40～60	15	5	6～12
酒吧餐廳	30	25	7	3～6
廁所	―	10	4	3～6
餐廳之廚房	―	60～90	20～30	3～6
住宅之廚房	―	8	―	3～6
集合住宅	―	8	―	3～6
旅館房間	―	8	3	3～6
病房	30	15	5	3～6
手術室	100	30	10	3～6

【例題 1】

有某空間之容積為 25 m^3，室內發生 CO_2 的量（m^3/hr* 人）為 15（升／hr* 人），若 CO_2 的容許值為 0.1%（1000 ppm），則 5 人於此空間每小時所需之換氣次數為何？（外氣之 CO_2 的量以 0.04% 計算，1 升 = 0.001 m^3）

解：$Q = \dfrac{0.015 \times 5}{0.001 - 0.0004} = 125\ (m^3/hr) \Rightarrow n = 125/25 = 5$

每小時需換氣 5 次

14.5 裝修裝飾材料釋放的汙染物

室內裝修裝飾材料釋放的汙染物來源如下：

• 人造板材密集板、夾板、木心板、塑合板、複合式地板、原木皮貼面、壁紙與家具等含有甲醛；塑膠百葉窗、塑膠壁紙、地毯、窗簾、皮革家具和樹脂等都含有甲醛。

• 塗料、油漆、塑膠及各種黏合劑，其 VOC（揮發性有機化合物）揮發的有毒氣體就達 500 多種。文具、清潔劑、化妝品、黏著劑、油漆、殺蟲劑、香菸，以至於香水、髮雕等含有甲醛與苯。影印機、印表機等機具也都逸散出苯與臭氧。木器噴漆、調和漆，常常含有甲苯、二甲苯與鉛化合物等有害物質。

• 附著在懸浮微粒上的微量毒性汙染物：來自屋外車輛廢氣的氮氧化物 NOx 、硫氧化物 SO_2 附著的有毒重金屬、酸性氧化物細小顆粒物（可吸入顆粒物）懸浮微粒。

• 空調大樓、玻璃幕牆大樓辦公室，易患病態大樓症候群 — 致病屋，是 VOCs（表 14.10）與空調汙染的綜合症狀，會產生頭暈、工作不力、精神不佳等，嚴重影響生產力。

其中特別需要注意者爲：

1. 一般夾板、木心板、密集板、膠合板、裝飾單板、貼面膠合板等，易釋放有害氣體甲醛，F3 級夾板甲醛含量 2.1 mg/m^3 以下，一般木心板甲醛含量 15 mg/m^3 以下，遠超過室內空氣品質建議值（甲醛 0.1 ppm）之標準。如果家具的表面還需要噴塗各種油漆，還會釋放出甲苯及苯系物等有害氣體。

2. 內牆水性水泥漆乳膠漆塗料

(1) 主要有害物質爲綠建材的標準揮發性有機化合物：甲醛TVOC，以及可溶性鉛、鎘、鉻和汞等重金屬。採用綠建材塗料來大面積噴塗會產生疊加效應，一樣出現甲醛超標。

(2) 水泥乳膠漆的化學性成分汙染，不可忽視。

另外，油性水泥漆（溶劑甲苯）、油性木器噴漆（溶劑香蕉水）、調合漆（溶劑松香水）、防水材（溶劑甲苯）等方便應用分類爲第一類、第二類、第三類溶劑，皆爲二甲苯系溶劑。由於具有溶解能力強、揮發速度適中等特點，是目前塗料業常用的溶劑。主要有害物質爲揮發性有機化合物、苯、甲苯、二甲苯、游離甲苯二異氰酸酯，以及可溶性鉛、鎘、鉻和汞等重金屬。

3. 家具店購買之板材家具（含甲醛），外購之系統櫃類，E0 健康板甲醛含量 0.3～0.4 mg/m^3（低甲醛符合綠建材標準）。

4. PVC壁紙（含甲醛）：施工時使用的黏著劑會釋放出甲醛、苯、甲苯、二甲苯、揮發性有機物等有害氣體。

5. 地毯的另外一種危害是其吸附能力很強，能吸附許多有害氣體如甲醛、灰塵病原微生物。地毯在製造中所使用的背襯黏著劑材料，會釋放出苯、苯系物等有害氣體。

表 14.10　揮發性有機化合物（VOCs）的檢測

VOCs 成分	參考測試方法	檢測品項
Toluene（甲苯） Xylene（二甲苯） p-Dichlorobenzene（對 - 二氯苯） Ethylbenzene（乙苯） Styrene（苯乙烯） Tetradecane（十四烷） Formaldehyde（甲醛） Acetaldehyde（乙醛）	JEITA, VOC Emission Rate Specification for Personal Computers, 2011	• 顯示器及電視 • 視訊設備 • 衛星接收器 • 音訊設備 • 可攜式音訊設備 • 電腦 • 家庭用照明燈具 • 辦公室列印設備
苯 四氯化碳 氯仿（三氯甲烷） 1,2- 二氯苯 1,4- 二氯苯 二氯甲烷 乙苯 苯乙烯 四氯乙烯 三氯乙烯 甲苯 二甲苯（對 / 間 / 鄰）	ASTM D5116（Standard Guide for Small-Scale Environmental Chamber Determinations of Organic Emissions from Indoor Materials/Products）小型室內材料和產品的揮發性有機化合物（VOC）排放的參考指南	• 室內建材

14.6 大樓症候群包含之空氣汙染物補充

• 臭氣：含有臭氣之化學成分約有 40 萬種，尤其以工廠與特殊行業產生之惡臭，如阿摩尼亞（氨氣，Ammonia）、硫氧化物等；臭氣指數指的是依據嗅覺測定法制定之臭氣的強度。即稀釋到聞不出時稀釋所需用水量取對數再乘以 10 稱之。如表 14.11 中的指數部分。另外，對於各種易產生臭氣之化學成分的基準列於表 14.12 中。

• 氡氣（Rn）：是地殼內鐳放射物質在崩解時釋放出的氣體，且具有放射性特質。雖然氡之半衰期只有 3.8 日，但是它是可以附著於人體的肺部造成疾病。如石造建材或地下室中空氣的氡氣濃度是必須了解的。

表 14.11　有關臭氣強度指數之內容

指數	示性	影響
0	無臭	感覺不出來
0.5	最小限度	只有受過嗅覺訓練者才能聞出來
1	明確	一般人可以聞到但是並不厭惡
2	普通	分別不出厭惡與否，室內濃度基準值
3	強	對空氣感到厭惡
4	強烈	對空氣感到非常厭惡
5	無法忍受	發生嘔吐現象

表 14.12　惡臭防治基準例

惡臭物質	基準值（ppm）
氨氣	1～5
甲苯硫醇	0.002～0.01
硫化氧物	0.02～0.2
硫化甲苯	0.01～0.2
二硫化甲苯	0.009～0.1

演練

計算題

14-1 某建築師事務所有員工 5 位，室容積爲 50 m³，每人每小時之二氧化碳產生量爲 0.02 m³/hr* 人，若外氣之二氧化碳濃度爲 0.04%，利用機械換氣；若事務所每小時之換氣次數爲 10 次，此事務所滿足室內二氧化碳容許濃度可爲若干 ppm？

14-2 解釋下列名詞：

1. 新有效溫度（ET*） 2. 作用溫度（operative temp., OT）

選擇題

14-3 （　） 以下有關室內熱環境之敘述何者不正確？ (A) Kata 溫度計之主要測量對象是室內風速 (B) 乾濕球溫度計可以準確測量室溫與濕度 (C) 球溫度計之設計主要是針對室內邊界之輻射熱 (D) 室內人體感覺到冷熱是由於人體熱平衡中周圍輻射不均所導致。

14-4 （　） 關於有效溫度之敘述下列何者錯誤？ (A) 實驗時標準室內之濕度定爲 100% (B) 在同一有效溫度條件下濕度固定不變 (C) 新有效溫度（ET*）之目的是用於修正有效溫度定義的不合理 (D) 作用溫度（operative temp., OT）用於太陽輻射熱過大時最爲有效。

14-5 （　） 下列有關空氣汙染指標（pollutant standard index, PSI）之敘述何者錯誤？ (A) 是由美國環境保護署（USEPA）之環境品質評議會（CEQ）所建立用來評估室外空氣汙染

之程度的標準　(B) 屬於一種綜合汙染程度之評估基準
(C) 其評估方式是以五種主要空氣汙染源之濃度相加而成
(D) 其評估值介於 0 至 500 之間。

14-6　(　)　下列何者不是空氣汙染指標之主要空氣汙染源？　(A)
SO_2　(B) CO　(C) CO_2　(D) SPM。

14-7　(　)　下列何者不在有效溫度之定義中？　(A) 氣流（風速）
(B) 周壁輻射熱　(C) 氣溫　(D) 濕度。　　　　　　（97 年）

14-8　(　)　有關建築物之室內環境基準，下列何者正確？　(A) 一氧
化碳（CO）於 100 ppm 以下　(B) 二氧化碳（CO_2）於
1000 ppm 以下　(C) 粉塵量於 0.5 mg/m^3 以下　(D) 室內
空調之氣流於 1.5 m/sec 以下。　　　　　　　　（97 年）

14-9　(　)　某室內空間之尺寸為長 5 公尺、寬 4 公尺、高 3 公尺，室
內有 3 人，依每人最小換氣量規定，請問此空間每小時需
換氣多少次以上？　(A) 1 次以上　(B) 1.5 次以上　(C) 2
次以上　(D) 2.5 次以上。　　　　　　　　　　（97 年）

14-10　(　)　發生氣體汙染物質之房間，室容積為 25 m^3，在甲、乙、
丙汙染物質濃度之條件下，下列何者為其必要之換氣量？
甲、室內之汙染物質發生量：2000 μg / h；乙、大氣中之
汙染物質濃度：0 μg / m^3；丙、室內空氣中之汙染物質容
許濃度：100 μg / m^3（假設所發生之汙染物質會立即擴散
於室內）　(A) 0.6 次 / h　(B) 0.8 次 / h　(C) 1.0 次 / h　(D)
1.2 次 / h。　　　　　　　　　　　　　　　　　（97 年）

14-11　(　)　有關室內環境之舒適性指標的敘述，下列何者錯誤？
(A) 國際標準化機構（ISO）推薦 PMV 之舒適範圍為 −0.5

< PMV < 0.5　(B) 新有效溫度是以空氣線圖上的相對濕度 (C) 50% 線上之氣溫來表示作用溫度是依周壁之平均輻射溫度與室內氣溫之平均溫度表示之　(D) 不快指數（DI）為考慮氣流、氣溫及濕度的一種指標。　　　　　（98 年）

14-12 (　) 下列何者不屬於評估室內空氣品質的因子？　(A) 空氣齡 (B) 換氣量　(C) 室內風向　(D) 換氣率。　　　　（99 年）

14-13 (　) 有關室內舒適度的敘述，下列何者錯誤？　(A) 修正有效溫度（CET）是溫度、濕度、氣流與輻射之綜合指標 (B) 美國冷凍空調學會（ASHRAE）的舒適度範圍在夏季與冬季不同，是因為著衣量影響　(C) 熱濕氣候地區的舒適度範圍，相對濕度可放寬至 80%　(D) 預測平均回答值（PMV）愈接近 0，預測不滿意度（PPD）愈高。

（99 年）

14-14 (　) 有關一般室內空氣環境基準之敘述，下列何者正確？ (A) 一氧化碳需低於 10 ppm，二氧化碳需低於 1000 ppm (B) 一氧化碳需低於 100 ppm，二氧化碳需低於 1000 ppm (C) 相對濕度為 20～60%　(D) 粉塵量需低於 0.5 mg/m³。

（100 年）

14-15 (　) 下列何者不屬於室內空氣汙染的現象？　(A) 氫氣的產生 (B) 二氧化碳濃度增加　(C) 溫濕度上升　(D) 細菌、微生物增加。　　　　　　　　　　　　　　（101 年）

14-16 (　) 下列何種建築物室內空間，其一氧化碳濃度較高？　(A) 廁所　(B) 影印室　(C) 空調機房　(D) 地下停車場。

（100 年）

14-17 (　) 有關室內氣候之敘述，下列何者錯誤？　(A) 有效溫度（ET）忽略了周壁輻射之考慮　(B) 新有效溫度（ET*）是於坐著狀態，著衣量 1 clo，靜止氣流情況下之溫熱指標　(C) 等價溫度（Teq）之研發者為英國人 Bedford　(D) 作用溫度（OT）不適用於高溫發汗之環境。　（101 年）

14-18 (　) 某會議室可容納 35 人，並使用機械通風進行換氣，若室外二氧化碳濃度為 300 ppm，室內每人產生二氧化碳為 0.02 m^3/hr，為維持室內二氧化碳濃度在 1000 ppm 以下，則該會議室所需之通風量為多少？　(A) 700 m^3/hr　(B) 900 m^3/hr　(C) 1000 m^3/hr　(D) 1400 m^3/hr。　（102 年）

14-19 (　) 某辦公室中坐在窗邊的員工因受到太陽的直射而覺得不舒適，下列何者最適於評估該座位的熱舒適性？　(A) MRT　(B) ET　(C) 濕球溫度　(D) 乾球溫度。（103 年）

14-20 (　) 為兼顧健康與節能，空調系統採用二氧化碳濃度控制外氣量，所依據的二氧化碳濃度上限值為何？　(A) 1000 ppm　(B) 2000 ppm　(C) 3000 ppm　(D) 4000 ppm。

（103 年）

14-21 (　) 我國室內空氣品質管理法中，下列何者是真菌的濃度單位？　(A) μg/m^3　(B) ppm　(C) CFU/m^3　(D) %。

（103 年）

14-22 (　) 某辦公室有員工 10 位，室容積為 100 m^3，每人每小時之二氧化碳產生量為 0.02/hr* 人，若外氣之二氧化碳濃度為 0.04%，此事務所滿足室內二氧化碳容許濃度可為 800 ppm 時，利用機械換氣時每小時辦公室之換氣次數最

接近若干次？　(A) 5 次　(B) 10 次　(C) 15 次　(D) 20 次。

14-23 (　) 有關人體熱平衡的敘述何者錯誤？　(A) 人類之生理機構
會對身體本身及周圍之熱量予以調整平衡　(B) 熱平衡考
慮蒸發、幅射及對流的環境熱因　(C) 環境熱因大於體內
所產生之熱量則人體感覺漸熱　(D) 藉著食物來補充熱能
是人體熱平衡的來源。

第十五章　自然通風

　　自然通風主要的目的是將室內具危害之氣體因素如缺氧、化學性危害因子與火災爆炸等災害控制，使對人之傷害降至最低。其方式是提供新鮮空氣、稀釋毒性氣體濃度，或室溫、濕度等調節。其中本單元是以建築物理原理來介紹室內外自然通風之計畫法與準則。包括重力換氣（溫度差與中性帶理論）、風力換氣（風壓係數）、流量係數（開口合成計算）以及換氣計畫注意事項等內容。此外，對於人工排氣（即機械通風）部分將不納入本單元敘述範圍；對於大樓及道路或隧道之土木工程之通風亦不在範圍內。然而，自然通風之原理不論在何處，它的理論是相通的。

15.1 重力換氣

　　密度較大之冷空氣由下方流入室內（如圖 15.1），依此原理所達成之換氣即為重力換氣（或稱為浮力壓換氣或溫度差換氣），其換氣量如下式：

$$Q_g = \alpha \cdot A \sqrt{2gh(\frac{t_i - t_0}{T_i})\rho_o}$$

其中，Q_g：換氣量（m^3/hr）

　　　h：進氣口與排氣口之距離（m）

　　　t_i：室內溫度（℃）

　　　t_o：外氣溫度（℃）

T_i：$t_i + 273$（K）

α：流量係數

g：重力加速度（9.8 m/sec^2）

A：開口部面積（m^2）

r_0：空氣比重（kg/m^3）

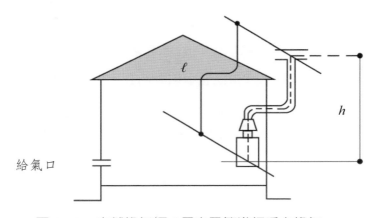

圖 15.1　自然換氣經 ℓ 長之風管進行重力換氣

　　由圖 15.1 得知自然換氣經 ℓ 長之風管進行重力換氣時，主要之換氣量乃決定在其垂直高度 h。除此之外，另一個重要因子便是室內外之溫差 $t_i - t_o$；在相同環境條件下，自然換氣量由流量係數 α 及給氣口或有效通風管斷面積 A 來決定。兩者間的相互關係請詳閱 15.3 節。

　　回到室內外溫差的課題上，因為室內外溫差所形成的室內外空氣密度差會導致自然換氣的加速。因此，空氣密度是由空氣個別的溫度而來，計算如下：

$$\rho = \frac{353.25}{T_i}[kg/m^3], T_i = t_i + 273.5$$

其中符號表示參數，請參考上一頁換氣量計算。

當室內外空氣密度不同，將出現室內外氣壓差為零之高度，稱為中性帶（離地高 h_n）。室內高度 h 處（圖 15.2）之壓力（Pa）為：

$$p_i = g(\rho_0 - \rho_i)(h - h_n)$$

其中，P_i：建築物垂直方向於牆上任何高度之氣壓（Pa），由外向內為負，由內向外為正

g：重力加速度（9.8 m/sec²）

ρ_0：室外空氣密度（kg/m³）

ρ_i：室外空氣密度（kg/m³）

P_{i0}：表建築物地面之氣壓

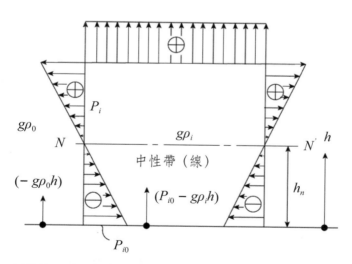

圖 15.2 在建築物因內外空氣密度差形成之重力差，造成垂直牆面上之氣壓分布

【例題 1】

建築物內，中性帶為高度為 3 m，試求室內外壓力差分布圖。假設室內為 20℃，室外為 0℃。

解：$\rho_0 = 1.293, \rho_i = 1.205$

$P_{i0} = 9.8(1.293 - 1.205)(0 - 3) = -2.587\ (Pa)$

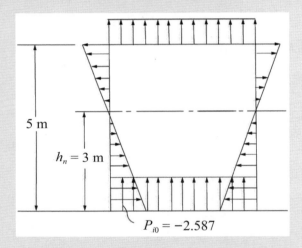

$$P_{i0} = -2.587$$

【例題 2】

假設火災發生時，在中性帶以上 5 m 處，由於浮力作用的壓差為 10 Pa，若火焰的內、外溫差不變，則中性帶以上 8 m 處的壓差為：

(A) 12 Pa　(B) 16 Pa　(C) 20 Pa　(D) 24 Pa。

（99 專技普考，消防設備士考題）

解：$p_i = g(\rho_0 - \rho_i)(h - h_n) \Rightarrow 10\,pa = g(\rho_0 - \rho_i)(5) \Rightarrow g(\rho_0 - \rho_i) = 2\,(Pa)$

$p_i = g(\rho_0 - \rho_i)(8) = 16\,(Pa)$

火災時中性帶高度不變，壓差增加

15.2 風力換氣

　　風吹向建築物之開口面時，迎風面會產生正壓，背風面則會產生負壓，依此兩者之壓力差即可達到自然換氣之效果，此種換氣之方法則稱為風力換氣（或稱為風壓換氣）。在自然換氣方式中是最常見與最有效率的自然換氣方法。其計算壓差之方法如下式：

$$\Delta p \cong 0.6(C_1 - C_2)v^2 \ (pa)$$

　　而產生之換氣量計算如下式：

$$Q_w = \alpha \cdot A \cdot v \sqrt{\rho_o(C_1 - C_2)}$$

其中，v：風速（m/sec）

　　　　Q_w：換氣量（m³/hr）

　　　　C_1：迎風面之風壓係數

　　　　C_2：背風面之風壓係數

　　　　α：流量係數

　　　　A：開口部面積（m²）

　　　　ρ_o：室外空氣比重（kg/m³）

　　風壓係數是根據建築物的表面性狀而來，它一般在建築結構學中探討，因風壓對於建築物的側向剪力通常是不能被忽視的力學課題。如圖 15.3 所示，建築物高度與其長寬比是造成屋面風壓係數大小的關鍵。

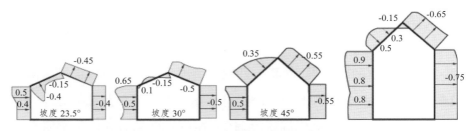

圖 15.3　建築物高度與其長寬比是造成屋面風壓係數大小的關鍵

【例題 3】

試求出下圖所示建築物兩側產生的壓差 DP。假設風速為 $v = 4$ m/s。

$C_2 = 0.8$　　$C_2 = -0.4$

解：$\Delta P \cong 0.6\{0.8 - (-0.4)\} \cdot 4^2 = 11.52\,(Pa)$

【例題 4】

有關下列敘述何者錯誤？

(A) 開口部之風力換氣量與開口部面積成正比

(B) 開口部之風力換氣量與建築物開口部前後方之壓力差之方根成正比

(C) 同一方向之風力換氣量與風速之平方成正比

(D) 當室內外溫差之換氣時，換氣量與內外空氣比重差之方根成正

比

(E) 當室內外溫差之換氣時，換氣量與空氣之上下開口垂直距離之方根成正比

解：(A) 與 (B) 之開口部之換氣量關係 → $Q_w = \alpha A \cdot \sqrt{\rho_0 \Delta P / 0.6}$

(C) 錯，換氣量與風速成正比 → $Q_w = \alpha A v \cdot \sqrt{\rho_o (C_1 - C_2)}$

(D) 與 (E) 以室內外溫差之換氣時，換氣量與內外空氣比重差之方根成正比 →

$$Q_g = \alpha \cdot A \sqrt{2gh(\frac{t_i - t_0}{T_i})\rho} \rightarrow Q_g \propto A \cdot \sqrt{h \cdot (\rho_i - \rho_o)}$$

　　建築技術規則設備編第 102 條之通風量規定如表 15.1，對於群眾聚集之廳堂空間，樓地板面積每平方公尺之排風量為 75（m³ / 小時）為最大。以自然排風方式亦然，應特別注意。

表 15.1　建築技術規則設備編第 102 條之通風量規定

房間用途	樓地板面積每平方公尺所需通風量（立方公尺 / 小時）	
	機械送風及機械排風、機械送風及自然排風之通風方式	自然送風及機械排風之通風方式
臥室、起居室、私人辦公室等容納人數不多者	8	8
辦公室、會客室	10	10
工友室、警衛室、收發室、詢問室	12	12

房間用途		樓地板面積每平方公尺所需通風量（立方公尺／小時）	
		機械送風及機械排風、機械送風及自然排風之通風方式	自然送風及機械排風之通風方式
會議室、候車室、候診室等容納人數較多者		15	15
展覽陳列室、理髮美容院		12	12
百貨商場、舞蹈、棋室、球戲等康樂活動室、灰塵較少之工作室、印刷工廠、打包工廠		15	15
吸菸室、學校及其他供指定人數使用之餐廳		20	20
營業用餐廳、酒吧、咖啡館		25	25
戲院、電影院、演藝場、集會堂之觀眾席		75	75
廚房	營業用	60	60
	非營業用	35	35
配膳房	營業用	25	25
	非營業用	15	15
衣帽間、更衣室、盥洗室、樓地板面積大於 15 平方公尺之發電或配電室		—	10
茶水間		—	15
住宅內浴室或廁所、照相暗室、電影放映室		—	20
公共內浴室或廁所、可能散發毒氣或可燃氣體之作業工廠		—	30
汽車庫、蓄電池間		—	35

15.3 流量係數

　　上述重力換氣與風力換氣的換氣量計算中，均牽涉到流量係數這個重要因子。它是代表在自然通風中開口部性狀的參數。其中包含窗寬與窗高之比率 b 、窗之開口形式及推窗之上揚推出角度等訊息（詳表 15.2）。它的由來是風管或風道的摩擦阻抗，及管徑大小比例或相對粗度等參數的計算值，在設備中對於通風或排風管性狀也被納入流量係數的檢討。

表 15.2 影響自然換氣量大小之各種開窗性狀的綜合參數流量係數的變化

名稱	形狀	流量係數 α	名稱	形狀	角度 β	流量係數 α		
						b = 1	b = 2	b = ∞
普通窗		0.68	單層外推窗		15	0.25	0.22	0.18
					30	0.42	0.38	0.33
					45	0.52	0.50	0.44
					60	0.57	0.56	0.53
					90	0.62	0.62	0.62
刃型窗		0.60			15	0.30	0.24	0.18
					30	0.45	0.38	0.34
					45	0.56	0.50	0.46
					60	0.63	0.57	0.55
					90	0.67	0.63	0.63
			單層迴轉窗		15	0.15	—	0.13
					30	0.30	—	0.27
					45	0.44	—	0.39
					60	0.56	—	0.56
					90	0.64	—	0.61
凹型開口		0.98	雙層推拉窗		15	0.24	0.18	—
					30	0.45	0.32	—
					45	0.51	0.44	—
					60	0.58	0.53	—
					90	0.65	0.65	—

名稱	形狀	流量係數 α	名稱	形狀	角度 β	流量係數 α		
						b = 1	b = 2	b = ∞
百葉窗	$\beta\begin{cases}90°\\70°\\50°\\30°\end{cases}$	0.70 0.58 0.42 0.23			15 30 45 60 90	0.23 0.40 0.51 0.57 0.65	0.15 0.30 0.41 0.50 0.60	0.13 0.24 0.34 0.43 0.60

在 15.1 與 15.2 節中談及建築物開口相互關係對通風量的影響。尤其在一般風力換氣的現象中，多重開窗的開窗方式大大影響開口與通風量的另一個重要因子；即開口有效面積 A 的大小。如圖 15.4，開窗合成方式影響風力換氣的有效開口面積 A，在直列、並列與單一開口等方式中情形的簡單圖示。其有效開口面積 A 的計算法分別列式如下：

$$\text{(a)}\ \left(\frac{1}{\alpha A}\right)^2 = \sum_{i=1}^{n}\left(\frac{1}{\alpha_i A_i}\right)^2 (\text{m}^2)$$

$$\text{(b)}\ \alpha A = \sum_{i=1}^{n}(\alpha_i A_i)(\text{m}^2)$$

$$\text{(c)}\ \alpha A = \frac{\alpha_i A_i}{2\sqrt{2}}(\text{m}^2)$$

其中，α：合成之流量係數

α_i：任一開口部之流量係數

A：開口部面積（m^2）

A_i：任一開口部面積（m^2）

(a)、(b)、(c) 對應於圖 15.4 中有效開口面積的不同合成方式。

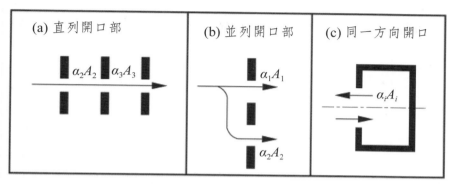

圖 15.4 開窗影響風力換氣的有效開口面積合成方式

【例題 5】

根據風力換氣，假設開口部之流量係數均相等，建築物前後之風力係數也保持一定之情況下，下列敘述何者錯誤？

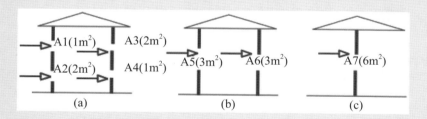

(A) A1 之通風量是 A2 之 1/2

(B) A1、A2 之通風量合計等於 A5 之通風量

(C) A5 之面積不變，A6 之面積變成兩倍，(b) 圖之通風量不成為兩倍

(D) A5 與 A6 直列通過之風量與 A7 之通風量相等

(E) A3 與 A4 即使位置交換 (a) 圖之通風量不變。

解：(A) 並列開口時通風量與開口面積成正比 $(Q_w \propto \alpha \cdot A)$。

(B)在圖 (a) 與 (b) 之流量係數與風力係數相同的條件下，A1
　　與 A2 之合計通風量與面積相同之 A5 相等。

(C) (b) 圖直列開口之條件下，合計面積 A 之求法為：

$$\left(\frac{1}{A}\right)^2 = \left(\frac{1}{A_5}\right)^2 + \left(\frac{1}{A_6}\right)^2, \quad \left(\frac{1}{A}\right)^2 = \left(\frac{1}{3}\right)^2 + \left(\frac{1}{3}\right)^2 = \frac{2}{9}$$

$$A = \frac{3}{\sqrt{2}} = \frac{3\sqrt{2}}{2} \cong 2.12 m^2, \quad \left(\frac{1}{A'}\right)^2 = \left(\frac{1}{3}\right)^2 + \left(\frac{1}{6}\right)^2, A' \cong 2.68 \ m^2$$

因此，A6 成為 2 倍其通風量不成為兩倍。

(D)錯，如前項 (b) 圖之開口面積合為 2.12 m² ，圖 (c) 之 1/3 強
　　左右而已。

(E)風力係數不影響之情況下，面積合只要相同，通風量不變。

　　在自然換氣或機械換氣設計上，由於建築設備與建築美學等考
量，經常疏忽一些換氣原則，在此整理並提醒如下：

1. 善加利用局部性排氣罩排氣。
2. 手術室必須採強迫性維持室內恆為正壓。
3. 廁所、浴室或有害氣體之工廠採強迫性維持室內恆為負壓。
4. 換氣管道需注意不造成短路（dead zone）或滯留。
5. 最適室內平均風速：0.5～1.0 m/s。

15.4 換氣相關課題

　　在換氣課題中，應用換氣理論進行有別於正常通風設計的項目可
以有：

1. 換氣量檢測

追蹤氣體法（tracer gas method）：調查送入氣體之濃度，如 CO_2。來調查氣流之路徑，有時會直接以白煙來引導建築內部自然通風之有效性（圖 15.5）。

2. 氣密性調查

利用機械送風機將空氣送至室內，再依通風量與增加正壓量估計是否正確。來查證門或窗的氣密程度。

3. 風洞及現場實驗到模擬

都市風洞、街道風洞、大空間自然換氣模擬等實驗（圖 15.5）。

圖 15.5　風洞及現場實驗到模擬

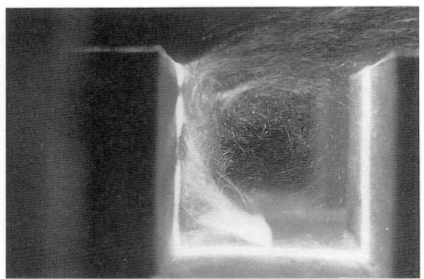

圖 15.5　風洞及現場實驗到模擬（續）

15.5 極重視自然換氣通風之建築物設計例

在臺灣濕熱氣候環境下，自然換氣是節能省碳、環境淨化的最佳手段。如在開放雞舍的換氣方法可分爲自然換氣與強制換氣二種。前者是自然的通風，或利用雞舍內、外的溫度差以達到換氣的目的；而後者則是利用電扇等人爲換氣方式。至於換氣的功用，可列舉如下數點：

1. 供給雞所需新鮮的氧氣，使雞健康長大（表 15.3）。
2. 排除舍內所發生有害於雞發育的二氧化碳、氨氣等氣體。
3. 保持適當的舍內溫濕度，以便雞能夠充分發揮其控溫性能。
4. 減少舍內的病原體及塵埃，防止疾病的發生。
5. 使管理者在雞舍內作業時有舒適氣氛。

表 15.3　雞舍換氣量與雞隻成長狀況實例（每分鐘立方）

外氣溫		肉雞一隻之生體重（kg）						
華氏	攝氏	0.23	0.64	1.18	1.77	2.40	2.95	3.40
40	4.4	0.24	0.7	1.2	1.9	2.5	3.1	3.6
50	10.0	0.30	0.8	1.6	2.3	3.2	3.9	4.5
60	15.6	0.36	1.0	1.9	2.8	3.8	4.7	5.4
70	21.1	0.42	1.2	2.2	3.3	4.5	5.5	6.3
80	26.7	0.48	1.3	2.5	3.7	5.1	6.2	7.2
90	32.2	0.54	1.5	2.8	4.2	5.7	7.0	8.1
100	37.8	0.60	1.7	3.1	4.7	6.4	7.8	9.0

演練

計算題

15.1 下圖中建築物內，中性帶高度為 3 m，試求離地高度 2 m 處，牆壁之空氣重力壓為何（有正負之分）？假設室內為 28℃，室外為 16℃。

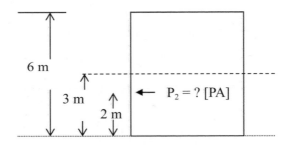

15-2 假設如下圖，建築物開口部之流量係數均相等，且外部風速為 4 m/s，內外空氣比重與前後風壓係數維持不變、且 A1 = 5 m², A2 = 5 m²、A3 = 10 m²。試問若 A2 面積變為兩倍，則建築物總換氣量變為幾倍？

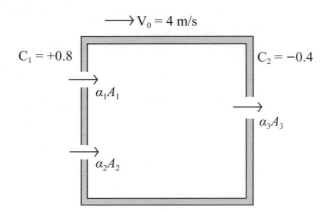

選擇題

15-3 (　) 下列有關自然換氣之敘述何者錯誤？　(A) 自然換氣是利用風和溫度差作為驅動力的換氣　(B) 不需要外部動力，但是換氣量不安定，換氣量也小　(C) 廣泛應用於住宅和學校建築　(D) 豬舍常使用的自然換氣法是溫差換氣，所以應該開放高窗，關閉低窗。

15-4 (　) 有關自然通風量下列敘述何者錯誤？　(A) 開口部之風力換氣量與開口部面積成正比　(B) 開口部之風力換氣量與建築物開口部前後方之壓力差之方根成正比　(C) 當室內外溫差之換氣時，換氣量與空氣之上下開口垂直距離之方根成正比　(D) 當室內外溫差之換氣時，換氣量與內外空氣比重差之平方成正比。

15-5 (　) 下列有關自然通風的敘述何者錯誤？　(A) 建築設備編第102條規定，樓地板每平方公尺通風量以戲院最高　(B) 室內單一開窗無法形成自然通風　(C) 開口流量係數在開口部以圓滑面較優　(D) 開口流量係數合成以並列優於串列。

15-6 (　) 有關換氣計畫下列敘述何者正確？　(A) 有害氣體之工廠採強迫性維持室內恆為正壓　(B) 開口部之風力換氣量與建築物開口部前後方之壓力差之方根成正比　(C) 室內平均風速 0.5 m/s 是舒適的　(D) 手術室必須採強迫性維持室內恆為負壓。

15-7 (　) 濕熱氣候區建築物，增加自然通風的最主要目的為何？　(A) 排除病菌及灰塵　(B) 排除濕氣及熱氣　(C) 增加新鮮空氣　(D) 增加空氣濕潤度。　　　　　　（98 年）

15-8 （ ）下列何者不屬於自然通風的主要原動力？ (A) 溫度差 (B) 風壓力 (C) 水蒸氣壓 (D) 重力加風壓力。（100 年）

15-9 （ ）下列何者為氣密性建築規劃需注意事項？ (A) 室外噪音傳遞問題 (B) 換氣量不足 (C) 防火問題 (D) 室外汙染物滲透。 （100 年）

15-10 （ ）下列何者不屬於計算建築物室內通風換氣量所需要的因子？ (A) 建築外殼表面風壓係數 (B) 開口流量係數 (C) 通風開口面積 (D) 建築內部平均風速。 （102 年）

15-11 （ ）下列何者不屬於風場預測的常用方法？ (A) 風洞試驗 (B) 電腦計算流體力學 (C) 專家經驗法則預測 (D) 問卷調查法。 （102 年）

15-12 （ ）設計一間生物安全第三等級（P3）實驗室，請依照 1～4 各空間別的空調設計將室內空氣壓力由高至低排列： (A)1 > 2 > 3 > 4 (B)4 > 3 > 2 > 1 (C)1 > 2 > 4 > 3 (D)3 > 4 > 2 > 1。 （102 年）

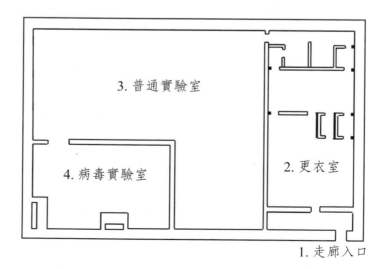

3. 普通實驗室

4. 病毒實驗室

2. 更衣室

1. 走廊入口

15-13 ( ) 有關室內理想溫熱環境之敘述，下列何者錯誤？　(A) 站立者之頭部與腳部附近的空氣溫度差，以不超過 5℃為限　(B) 室內、室外之溫度差 5℃以上時，在出入時會帶給人不愉快之感覺　(C) 室溫 26℃，房間內的風速在 0.5 m/s 以下為宜　(D) 人在自然通風空間中比在空調空間中，可忍受較高的室溫。　　　　　　　　　　　（103 年）

15-14 ( ) 於一建築物內，中性帶為高度為 2.4 m，室、內外氣溫分別為攝氏 27℃與 20℃。試問高度 3.5 m 處牆上之分壓（Pa）為何？　(A) 0.456　(B) 0.302　(C) 0.167　(D) 0.098。

第十六章　熱傳理論

　　本單元針對建築物隔牆及所有外殼內、外境界層（boundary）之熱傳現象深入介紹，包括材料之熱傳導係數、熱傳導計算、熱傳遞影響因子與熱貫流計算（休米特圖解法）等內容。這些完全是綠建築計算外殼熱損耗之基礎，必須於綠建築學習前完成本章內容的學習。

16.1 熱傳與濕傳現象

　　熱傳（heat transfer）很明顯是熱由高溫流向低溫處的一種現象，也是造成建築物之受熱與失熱的原因。每小時傳遞熱量 Q 在面積 A 厚度 d 之牆面上可以由下式來說明：

$$\frac{Q}{t} = \frac{kA(T_{hot} - T_{cold})}{d}$$

　　而濕傳現象（water vapor transfer）則指水蒸氣在建築構造內，由水蒸氣壓高處往低處流動，它是造成構造體吸濕和放濕，並產生結露現象之原因。

　　接下來是熱傳相關之名詞定義，熱傳現象是一個複雜的過程，而我們這裡所謂的熱傳導等現象都必須是在一種熱的穩定狀態（steady state）下來描述；即不受時間改變而改變的狀態。我們把建築物隔牆及所有外殼內、外境界層（boundary）之熱傳現象以表 16.1 來分類，熱傳導（heat conduction）、熱傳遞（heat convection）、熱幅射（heat radiation）及熱貫流（heat transmission）等四者之內容及其敘述單位。

表 16.1 熱傳現象的幾種不同狀態與其代表單位

傳熱種類	狀態	代表符號及單位
熱傳遞	固體內部之熱流動	熱傳導條數 k（kcal/mh℃，W/m℃） 熱傳導率 C = k/d（kcal/m²℃，W/m²℃）
熱傳遞	固體與流體間之熱流動 （對流＋輻射）	熱傳遞條數 h = hc + hr 熱對流條數 hc（kcal/m²℃，W/m²℃） 熱輻射條數 hc（kcal/m²℃，W/m²℃）
熱輻射	無需介質存在，有溫度即會依電磁波形式放射熱量	輻射條數 C（kcal/m²hK⁴，W/m²K⁴） 輻射率 ε 有效輻射條數 Cab
熱貫流	綜合之熱流動（傳導＋傳遞＋輻射）	熱貫流條數 U（kcal/m²h℃，W/m²℃） 熱貫流抵抗（熱阻）R = l/U

在基本上物質的熱傳導與以下幾個物質的熱容量有關，將其補述如下：

　　一般而言，物體傳熱過程會因固體之熱容量（thermal capacity；包括密度、比重因子）而有變化。要將不同的物質溫度升高或降低1℃所需要吸收及釋放的熱量，稱為該物質的熱容量。它可推知對相同的物質而言，質量愈大，則其熱容量也愈大（質量加倍則熱容量也加倍）。因此將熱容量除以對應物質的質量（即比熱），就可形成一個和物質質量無關，而僅與單位質量的熱容量有關。以數學式表示為：

　　　　比熱＝熱容量／該物質質量（heat capacity）

　　例：以水為例：100 克的水升高 1℃需要 100 卡熱量，10 克的水

升高 1℃需要 10 卡的熱量。因此可推知水的比熱就是 1 卡／克 - 度（1 克的水升高 1℃所需吸收的熱量／或降低 1℃所需釋放的熱量）。如表 16.2 是列舉一般建築材料之熱傳導係數。目前建築用隔熱材料環保標章規格標準，熱傳導係數 k 值需在 0.038 kcal/m²h℃以下，須要特別留意。切勿爲了建築物表面長時間使用，而忽略了室內之熱環境穩定性需求。因此爲尋求兩者的共同目的，有不少複合式材料被開發出來，如斷熱金屬裝潢板或金屬壁板，係利用表層的鋁鋅合金鋼板配合中空層內加入玻璃棉後，可以達到 0.026 kcal/mh℃的熱傳導係數。

表 16.2　一般建築材料之比重與熱傳導係數

材料名稱	比重 γ（kg/m³）	熱傳導係數 k（kcal/mh℃）
水	100	0.520
空氣（氣壓）	1.17	0.0216
水蒸氣	–	0.0201
松木	480	0.126
杉木	330	0.944
檜木	340	0.0775
山毛欅	664	0.141
松材（平行紋理）	551	0.30～0.32
松材（垂直紋理）	546	0.12～0.14
桃花心木	550	0.184～0.216
柚木（平行紋理）	604～642	0.32～0.34
柚木（垂直紋理）	–	0.14～0.17
砂壁	1,390	0.423
自灰粉刷	1,320	0.538
石膏灰粉刷	1,940	0.467
洗石子面	1,530	0.727
茅草屋頂	126	0.0344
石板	2,240	1.09
鉛鐵皮	7,860	37.40
油毛紙	1,020	0.0976

16.2 熱傳導係數之計算方式

一般單層材料之單位面積之熱阻 r（熱傳導係數之倒數）計算如下：

$$r = \frac{d}{kA}(or\frac{d}{k})$$
$$R = r_1 + r_2 + r_3 + \cdots + r_n$$
$$= \frac{d_1}{k_1 \cdot A_1} + \frac{d_2}{k_2 \cdot A_2} + \frac{d_3}{k_3 \cdot A_3} + \cdots + \frac{d_n}{k_n \cdot A_n}$$

r：材料熱阻〔h(m^2)℃/kcal〕，鋼筋混凝土 RC 約為 1.3～1.4

R：多層結構總熱阻〔h(m^2)℃/kcal〕

k：熱傳導係數（kcal/m h℃）

d：材料厚度（m）

A：牆或材料面積（m^2）

如圖 16.1 顯示，在熱的穩定狀態（steady state）下，牆材剖面圖中，材料溫度可與材料厚度形成線性的關係。因此，熱傳導抵抗（熱阻）大之材料之斜率大，相對的，熱傳導抵抗小之材料斜率小。因此，在討論熱傳導之每小時熱流量時，可以計算為：

$$\frac{Q}{T} = \frac{\Delta t}{r} = \frac{t_1 - t_2}{(d/kA)} = \frac{k}{d}(t_1 - t_2)A \quad （kcal）$$

Q：熱流量（kcal/h）

t_1：室內表溫（℃）

t_2：室外表溫（℃）

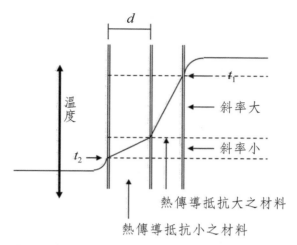

圖 16.1　熱的穩定狀態下，牆材剖面圖中材料溫度與材料厚度形成線性的關係

16.3 熱輻射之影響

　　熱輻射之傳熱方式無需介質，可於真空中傳熱，故傳熱速度可達光速（3×10^8 km/sec）。一般熱輻射溫度愈高，輻射波長愈小。而物質對於熱輻射之吸收方式可分為三類：吸收（A）、反射（R）與透射（D）。研究中，黑體指理想中完全吸收熱輻射之物質，而白體則相反。因此可寫成黑體之 A＝1，R＝D＝0；而白體 R＝1，A＝D＝0。而一般物質或依研究需要之特定波長吸收，稱為灰體。物質溫度一定時，輻射能與吸收率間比值一定。如表 16.3，一般物質的輻射率（ε）、熱輻射能（kcal/m^{2}h°K^4）與日射吸收率（α）參考表。

257

表 16.3　一般物質的輻射率（ε）、熱輻射能（kcal/m²hK⁴）與日射吸收率（α）

材料（表面）	ε	（kcal/m²hK⁴）	α
完全黑體	1	4.88	1
大空洞上開設之小孔	0.97～0.99	4.73～4.83	0.97～0.99
黑色非金屬面（瀝青、石板、油漆、紙）	0.90～0.98	4.39～4.73	0.85～0.98
紅磚、磁磚、混凝土、岩石、暗色油漆	0.85～0.95	4.15～4.64	0.65～0.80
（赤、咖啡、綠等）			
黃色磚、岩石、耐火磚	0.85～0.95	4.15～4.64	0.50～0.70
白、淡奶黃色磚、磁磚、油漆、紙、粉刷	0.85～0.95	4.15～4.64	0.31～0.50
窗玻璃	0.90～0.95	4.39～4.64	大部通過
光澤之鋁漆、金色或銅色漆	0.40～0.60	1.95～2.93	0.30～0.50
純色黃銅、銅、鋁、鐵皮、磨光鐵板	0.20～0.30	0.98～1.46	0.40～0.65
磨光黃銅、銅	0.02～0.05	0.098～0.244	0.30～0.50
磨光之鋁、白鐵皮、鎳、鋅	0.02～0.04	0.098～0.195	0.10～0.40
石棉板	0.96	4.68	
玻璃板	0.94	4.59	
紅磚	0.93	4.54	
粉刷	0.91	4.44	
柚木刨光面	0.9	4.39	
鐵皮	0.23～0.28	1.12～1.37	
氧化鋁板	0.1～0.2	0.49～0.98	
鋁箔	0.06	0.29	

材料（表面）	ε	（kcal/m²hK⁴）	α
磨光鋁板	0.04	0.195	
水面	0.95	4.64	

16.4 熱傳遞現象

　　輻射除外，牆內外境界層以流體之對流為主的傳熱狀態，稱為熱傳遞現象，形成之原因有溫度差與風力兩者。其穩定狀態之熱傳遞量 Q 可計算為：

$$\frac{Q}{T} = h(\theta_s - \theta_f)A \quad （\text{kcal}）$$

θ_s：壁表溫度（℃）

θ_f：周圍流體溫度（℃）

T：時間（h）

h：熱傳遞係數（kcal/m²h℃）＝熱對流＋熱輻射

　　境界層內的溫度分布並不如材料內部那麼單純，通常以離開牆面距離 dx 之溫度 $d\theta$，來敘述這個瞬間斜率與熱傳遞係數（h），來表示熱傳遞量（q），如下：

$$q = -h\frac{d\theta}{dx}（\text{Fourier}）$$

$d\theta$：微小溫差

dx：熱流方向之微小長度

h：熱傳遞係數

q：單位面積，單位時間之熱傳遞量

　　由此觀之，境界層內的溫度分布可以是任何的曲線，而我們將其簡化，不去檢討這個層內的溫度變化，只討論境界層兩端之溫度變化，即由溫度 θ_s 到 θ_f 的變化。如圖 16.2，因氣流與熱輻射兩者引起不同的溫度分布。這只是一個舉例，事實上境界層中氣流與熱輻射共同形成的熱傳遞係數 h（kcal/m²h℃）會因季節、都會區、外牆不同位置及風速造成變化，如表 16.4，不同材料輻射率（ε）下熱傳遞係數 h 的變化。

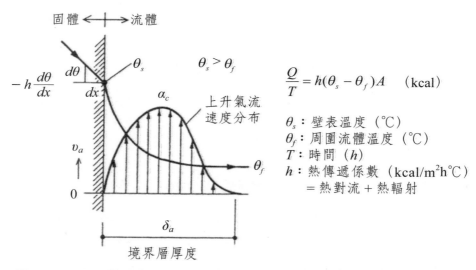

圖 16.2　境界層中氣流與熱輻射兩者引起不同的溫度分布（v_a：風速，α_c：最大風速）

表 16.4　不同材料輻射率（ε）、風速下的熱傳遞係數 h 變化

項目	位置	風速（m/s）	$h = hc + hr$
暖房冬季	市區	5	35
	郊區	7	41
冷房夏季	市區	3	23
	郊區	5	35

位置及流向	輻射率（ε）	
	$\varepsilon = 0.83$	$\varepsilon = 0.55$
垂直	9	4
水平向上	11	7
水平向下	7	3

　　在牆面結構具有中空部分產生空氣層，或天花板內因空間形成之熱阻（r_a）效果甚為可觀。如圖 16.3 中，一般牆面屬於垂直空氣層，其密閉條件有無影響熱抵抗大小甚鉅。且由圖面得知在空氣層厚度超過 3 cm 的熱阻抗改變不大，這暗示空氣層達最大熱阻之厚度時，厚度再增加是無意義的；然而在天花板上部之空氣層部分則不然。但視牆結構本身要求，若於空氣層中置放抵抗熱輻射之材料時，此牆面結構之熱抵抗將能大幅提升，如鋁箔片等材料（詳表 16.5）。

16.5 恆常熱貫流量計算

　　熱貫流行為係傳導、對流、輻射三者之綜合現象，故計算熱貫流僅考慮穩定熱傳狀態時，則可依前述幾節中之公式合併計算即可，其

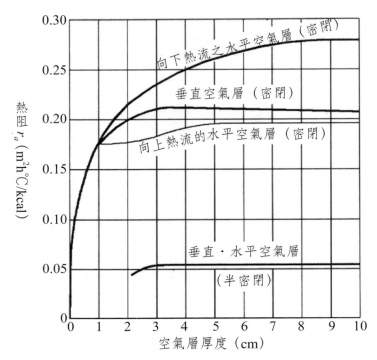

圖 16.3　牆面結構具有中空部分產生空氣層形成之熱阻（r_a）效果比較

表 16.5　空氣層中置放抵抗熱幅射之材料及其密閉與否將影響熱抵抗大小

中空層的種類	熱阻值 r_a （$m^2 \cdot K/W$）	對象中空層
密閉	0.17	工廠生產的雙層玻璃
半密閉 (1)	0.13	現場施工的雙層框架
半密閉 (2)	0.09 0.24	牆的中空層 牆的中空層（附鋁箔）
有縫隙	0.06	玻璃與窗簾的中空層 木板套窗與玻璃的中空層

合成之公式則表示如下：

$$q = \frac{\theta_1 - \theta_2}{\dfrac{1}{h_o} + \sum r + \sum r_a + \dfrac{1}{h_i}} A \ (\text{kcal} / \text{h})$$

$$Q = q \cdot T \ (\text{kcal})$$

其中 Q：熱流（kcal/h）

$\quad \theta_1$：室外氣溫（℃）

$\quad \theta_2$：室內氣溫（℃）

$\quad h_o$：室外熱傳遞係數（kcal/m²h℃）

$\quad h_i$：室內熱傳遞係數（kcal/m²h℃）

$\quad r$：（m²h℃/kcal，依串聯或並聯方式計算）

$\quad r_a$：空氣層之熱阻（m²h℃/kcal）

$\quad A$：壁體表面積（m²）

$\quad Q$：某時間內傳遞之總熱量（kcal）

$\quad T =$ 時間（h）

　　上式中，單位時間內熱貫流量 q 透過內外溫差與結構之總熱阻 R 來計算，其總熱阻之倒數便是所謂熱貫流率 U，敘述如下：

$$R = \frac{1}{h_i} + \sum r + \sum r_a + \frac{1}{h_o} = \frac{1}{h_i} + \sum \frac{d_n}{k_n A} + \sum r_a + \frac{1}{h_o}$$

$$U = \frac{1}{R}$$

其中 R：總熱阻（m²h℃/kcal）

$\quad U$：熱貫流率（kcal/m²h℃）（total heat transmission coefficient）

$\quad n$ 表多層組合

若於同一平面上具各種不同材料時，以平均之材料熱傳導係數來

計算如下：

$$\overline{k} = \frac{k_1 A_1 + k_2 A_2}{A_1 + A_2}$$

底下是一連串計算例提供參考。

【例題 1】

厚度 15 cm 之鋼筋混凝土如圖，求其單位面積之熱貫流率 U？（室內熱傳遞係數為 8（kcal/m²h℃），室外為 20（kcal/m²h℃）。

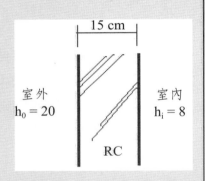

解：$r = \dfrac{d}{k} = 0.107$ $\begin{pmatrix} d = 0.15 \\ k = 1.4 \end{pmatrix}$

$R = \dfrac{1}{20} + 0.107 + \dfrac{1}{8} = 0.282$

$U = \dfrac{1}{R} \cong 3.5 \text{ kcal/m}^2\text{h}℃$

【例題 2】

上題之鋼筋混凝土壁外加空氣層（氣密）與合板（k = 0.14），如下圖，求其單位面積之熱貫流率 U？

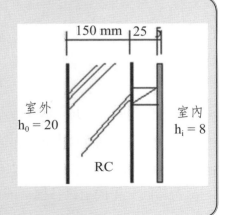

解：$R = \dfrac{1}{20} + 0.107 + 0.21(r_a)$

$\quad + \dfrac{0.005}{0.14} + \dfrac{1}{8} = 0.527$

$U = \dfrac{1}{R} = 1.9 \text{ kcal/m}^2 \cdot \text{h}℃$

【例題 3】

鋼筋混凝土壁之室內外溫差為 20℃時，單位時間、單位面積之熱貫流量 Q 為何？

解：$Q = \dfrac{\Delta t}{R} = \dfrac{\theta_1 - \theta_2}{(d/k)} = \dfrac{k}{d}(\theta_1 - \theta_2)$ （kcal/h）

　　Q 熱流（kcal/h）

　　θ_1 室內表溫（℃）

　　θ_2 室外表溫（℃）

　　$Q = U * \Delta t = 3.5 \times 20 = 70$ kcal/h

【例題 4】

如右圖之開窗牆面，求其平均單位時間之熱貫流率？

解：$\overline{U} = \dfrac{U_1 A_1 + U_2 A_2}{A_1 + A_2}$

　　$\overline{U} = 1 \times \dfrac{3}{4} + 6 \times \dfrac{1}{4} = \dfrac{9}{4}$

　　　　$= 2.25$ kcal/m^2 · h℃

窗（1/4）
U = 6

牆（3/4）
U = 1

16.6 休米特圖解法

　　如圖 16.1，在外牆正處於熱的穩定狀態下，牆材剖面圖中，材料溫度與材料厚度形成線性的關係。因此利用圖中的溫度變化的線性關係，及各個材料間熱傳導抵抗（熱阻）與境界層之熱傳遞抵抗的穩定狀態，透過圖中垂直與水平方向尺度間的幾何比例關係，可以求得溫

度線上每個界面點上的溫度高低，如圖 16.4。這便是著名的休米特圖解法（schmidt graphical method）。

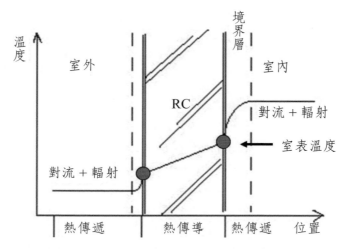

圖 16.4　透過圖中垂直與水平方向尺度間的幾何比例關係，可以求得溫度線上每個界面點上的溫度高低

【例題 5】

根據厚度 15cm 之 RC 例題 1 的圖，其熱貫流總熱阻 R = 0.282，而室內之熱傳遞抵抗為 0.125，若室內外溫度分別為 20 及 0 時，室內壁表溫度為何？（休米特圖解法）

解：$\dfrac{R}{R_{si}} = \dfrac{(\theta_i - \theta_o)}{(\theta_i - \theta_{si})}$，$\dfrac{0.282}{0.125} = \dfrac{20-0}{20-\theta_{si}}$，$\therefore \theta_{si} = 11.1$

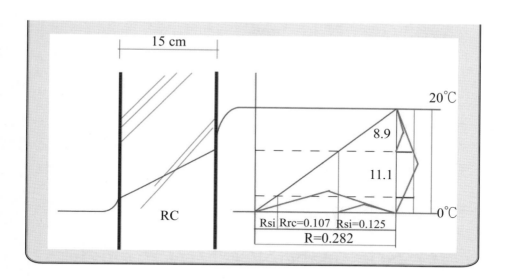

【例題 6】

承接上題，當室溫等於 20℃時，若相對濕度為 60%，其露點為何？
並問內壁表是否結露？

解：當濕度為 60% 時其露點溫度為 12℃，因此只要低於此溫度馬
　　上結露。本題壁表溫為 11.1℃，表面結露。

（續下頁）

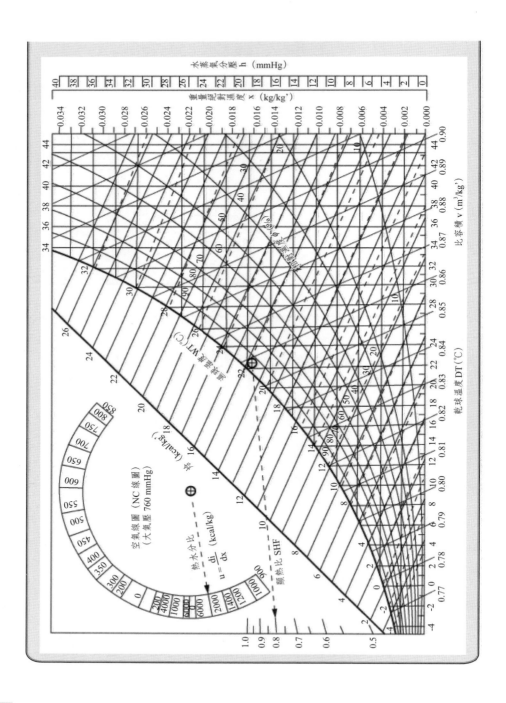

演練

計算題

16-1 厚度 12 cm 之鋼筋混凝土如下圖，RC 之熱傳導係數爲 1.4 kcal/mhr℃，室外之熱傳遞係數爲 15 kcal/mhr℃，室內之熱傳遞係數爲 10 kcal/mhr℃，若室外溫度爲 10℃，而室內溫度爲 25℃時，根據休米特圖解法可求得室內側壁表面溫度爲何？

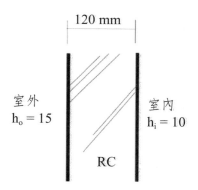

選擇題

16-2 （　）下列有關隔間牆的熱環境敘述何者錯誤？　(A) 境界層熱傳遞包含熱對流與熱幅射　(B) 熱傳透係數愈大表示室內熱環境容易受室外影響　(C) 對相同的物質而言，質量愈大，則其熱容量也愈大　(D) 水的熱傳導係數小於檜木。

16-3 （　）有關熱輻射與熱對流下列敘述何者錯誤？　(A) 牆內空氣層之傳熱與氣密性無關　(B) 熱輻射溫度愈高，輻射波長愈小　(C) 牆內安裝熱幅射率高的鋁箔紙有利於牆的隔熱

(D) 黑體是指熱幅射吸收率為 1.0 的物質。

16-4 ( ) 對於臺灣辦公建築物之外殼節能設計，採用下列何者手法較有效？ (A)熱傳導率 U 值低之外牆構造或遮陽板 (B)熱傳導率 U 值高之外牆構造或 LOW-E 玻璃 (C) 熱傳導率 U 值高之外牆構造或高隔熱性能屋頂 (D) 高隔熱性能屋頂或清玻璃。 （97 年）

16-5 ( ) 下列各圖為 RC 造之外牆，在冬季時，下列敘述何者錯誤？（各圖牆壁、隔熱材之材質和厚度皆相同，且室外熱環境條件亦相同） (A) 室內側的表面結露，以（乙）最容易發生 (B) 對於外氣溫的變動，（甲）之室內側表面溫度變動最大 (C)（乙）和（丙）之熱傳透率相等 (D) 內部結露防止，以（丙）為最具效果。 （97 年）

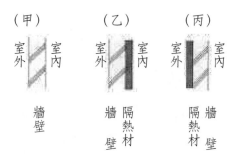

16-6 ( ) 關於「壁體內空氣層」之敘述，下列何者錯誤？ (A) 空氣層厚度在 10～15 mm 之間為適當 (B) 空氣層之厚度超過 20 mm 時，則隔熱效果不顯著 (C) 空氣層之兩側即使貼上鋁箔，其傳熱量變化不大 (D) 空氣層內之傳導及對流作用與熱流方向有關。 （97 年）

16-7 （ ） 有關輻射熱之敘述，下列何者錯誤？ (A) 凡溫度高於絕對零度的物體，都可以發射且同時也接受熱輻射 (B) 理論上，物體熱輻射的波長範圍包括可見光範圍 (C) 大部分能量位於紫外線區段 (D) 實際熱輻射之波長在 0.38～25 μm 之間。 （98 年）

16-8 （ ） 有關建材的隔熱性能敘述，下列何者錯誤？ (A) 熱阻係數愈大，隔熱性能愈佳 (B) 熱傳透率愈小，隔熱性能愈佳 (C) 同材料厚度愈大，隔熱性能愈佳 (D) 熱導係數愈大，隔熱性能愈佳。 （98 年）

16-9 （ ） 假設室內、外之氣候條件皆相同，下圖為冬季穩定狀態下，A、B、C 三種外牆內部之溫度分布圖，則下列敘述何者正確？（甲、乙、丙表示材料之種類；d 表牆厚） (A) 甲之熱傳導率比丙小 (B) C 之溫度分布有如外隔熱之情況 (C) C 之熱傳透率為三者中之最小 (D) 室內側表面 A 外牆會發生結露之可能性為最大。 （98 年）

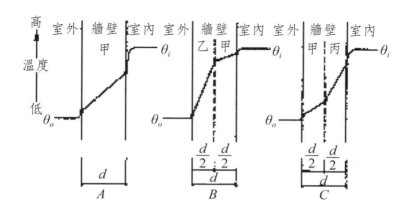

16-10 (　) 有關傳熱、隔熱之敘述，下列何者錯誤？　(A) 多層壁之溫度分布，各層依熱阻之比例繪出，會成為一條直線　(B) 牆壁表面之對流熱傳遞率隨風速增大而變大　(C) 雙層玻璃利用空氣層隔熱，需防止水蒸氣之滲透　(D) 木造牆壁加裝隔熱材料可防止結露現象。　　　　　　　　　（99 年）

16-11 (　) 有關傳熱、隔熱之敘述，下列何者錯誤？　(A) 牆壁表面之熱傳遞率，一般粗糙面比平滑面大　(B) 壁體內之空氣層兩側貼上鋁箔，可減少傳熱量　(C) 空氣層之隔熱效果會依其氣密性而不同　(D) 氣密性低，間隙風較多的住宅，較容易發生結露現象。　　　　　　　　（100 年）

16-12 (　) 下列何種外牆的熱傳透率最低？　(A) 12 cm 厚 RC 外牆　(B) 15 cm 厚 RC 外牆　(C) 1 B 厚紅磚牆　(D) 8 mm 厚單層玻璃。　　　　　　　　　　　　　　　　　（100 年）

16-13 (　) 臺灣建築物之地下室空間，最易出現結露現象的季節為？　(A) 春夏交際　(B) 夏秋交際　(C) 秋冬交際　(D) 冬春交際。　　　　　　　　　　　　　　　　　　　　（101 年）

16-14 (　) 1.5 公釐厚之鋼浪板若欲達到屋頂熱傳透率低於 1.0 W/$m^2 \cdot K$ 之隔熱水準，其背襯PU板厚度應至少為多少公分？（外氣膜熱阻 0.043 $m^2 \cdot K/W$、內氣膜熱阻 0.143 $m^2 \cdot K/W$、鋼浪板熱阻可視為零、PU 板之熱導係數 k = 0.028 W/$m \cdot K$）　(A) 1.0　(B) 1.5　(C) 2.0　(D) 2.5。　（101 年）

16-15 (　) 有關傳熱和隔熱之敘述，下列何者錯誤？　(A) 同種發泡性隔熱材，若空隙率愈大，則熱傳導率會愈大　(B) 冬季為了防止外牆之內部結露，外隔熱比內隔熱有利　(C) 纖

維類之隔熱材，若因結露而含有濕氣，則其傳導熱阻會變小　(D) 外牆之角隅部位之熱傳透率，一般比其他部位之熱傳透率大。　　　　　　　　　　　（102 年）

16-16 (　) 壁體穩定熱傳透量計算與下列何者無關？　(A) 室內外溫度差　(B) 壁體面積　(C) 壁體材料熱阻係數　(D) 壁體熱容量。　　　　　　　　　　　　　　　　（102 年）

16-17 (　) 某鋼筋混凝土外牆，厚 15 cm，面積 100 m^2，若其熱傳透率 U 值為 1.3 kcal/m^{2}h℃，在室內氣溫為 26℃，室外氣溫為 33℃時，則其每小時之熱傳透量為多少？　(A) 910 kcal/h　(B) 1170 kcal/h　(C) 1320 kcal/h　(D) 1530 kcal/h。
　　　　　　　　　　　　　　　　（103 年）

16-18 (　) 有關結露防止計畫下列何者錯誤？　(A) 利用加熱方式防止壁面溫度之降低　(B) 壁面內部或屋頂處設置防濕層或防潮層　(C) 大面積牆面應在牆面角隅部分加設防濕層　(D) 利用通風換氣而將室內水蒸氣予以排除。

16-19 (　) 建築用隔熱材料環保標章規格標準何者錯誤？　(A) 熱傳導係數 k 值需在 0.38 kcal/m^{2}h℃以下　(B) 產品或包裝上須標示「節省能源」　(C) 製程中不得使用蒙特婁議定書之管制物質　(D) 不得含有環保署公告之毒性化學物質。

16-20 (　) 厚度 10 cm 之鋼筋混凝土如下圖，室內側安裝 2.5 cm 之空氣層，並以厚度 0.5 cm 之合板氣密封裝；外牆貼磁磚厚度 0.5 cm（室內外溫差為 12℃）。若本構造施作面積為 100 m^2，若室外溫度為 30℃，室內為 <22℃，則室內壁表溫度為何？（休米特圖解法，RC 之熱傳導係數為 1.4

kcal/mh℃，合板之熱傳導係數為 0.14 kcal/mh℃，空氣層之熱阻為 0.21 mh℃/kcal，磁磚之熱傳導係數為 0.82 kcal/mh℃，室外熱傳遞係數為 20（kcal/m²h℃），室內熱傳遞係數為 8（kcal/m²h℃）　(A) 20.3　(B) 18.9　(C) 17.2 (D) 15.3。

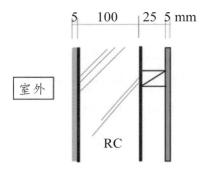

第十七章 熱傳與評估

17.1 傳熱性能評估指標

一般而言，支配室內氣候之建材傳熱性能有下列六項因素：

1. 外界氣候之變動
2. 換氣產生之變動
3. 室內有空調（冷、暖氣）時之變動
4. 日射能量大小所引起之變動
5. 風速風向大小所引起之變動
6. 構造材料不同之變動

綜合上述因素，可以設定多種評估室溫變動之指標，而其意義及表示方法如下：

$$\delta = \frac{q}{Q} = \frac{\sum UA + nCV}{\sum C_w \rho d \left(\dfrac{A}{2} \right) + CV}$$

其中，q：構造體因室內外溫度差 1℃時，所吸放之熱量（kcal/h℃）

Q：熱容量（kcal/h℃）（即室內空氣及構造體每小時增減之熱量）

U：構造體之熱傳透係數（kcal/m²h℃）

A：周壁材料面積（m²）

n：換氣次數（次/h）

C_w：周壁材料之比熱（kcal/kg ℃）

V：室容積（m³）

ρ：周壁材料密度（kcal/m³）

d：周壁材料厚度（m）

C：空氣之熱容量（kcal/m³℃）

式中右側分子部分可視為變動量，而分母為非變動量。

室溫變動率（δ）由圖像來表示，如圖 17.1，室溫變動率小對隔熱保溫較有利。

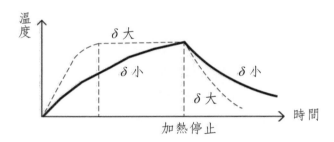

圖 17.1　室溫變動率（δ）大小表示隔熱保溫的程度

表 17.1 表示外牆結構之熱貫流率與室溫變動率（δ）大小之關係。

表 17.1　外牆結構之熱貫流率與室溫變動率（δ）大小之關係

建築物外壁構造	牆厚（cm）	熱傳透係數 U（kcal/m²h℃）	室溫變動率 δ
磚牆	21	1.6	0.046
輕質混凝土	21	2.1	0.052
混凝土牆	21	3.1	0.064
混凝土牆	15	3.6	0.102
輕質空心磚牆	21	2.2	0.127
土牆	5	3.8	0.57
雙層中空 2 cm 杉木板牆	14	1.4	0.68
保溫 1.2 cm 岩棉混凝土牆	16.2	1.7	0.048

17.2 各種節能設計規範

1. 總熱透值（overall thermal transmission value, OTTV）

早期對於建築外牆計畫在節能設計上的隔熱性能評估指標，其重點有二：

(1) 考慮熱透性：有可透光部分包括傳導量、幅射量，是一般牆之開口結構之熱透性檢討；另一方面，不透光者，指牆結構本身之傳導抵抗，它包括屋頂結構。

(2) 考慮遮陽係數（SC = SC1 + SC2）：即 SC1 玻璃部分（shading coefficient）與 SC2 外部遮陽裝置，並以 3 mm 透明玻璃為基準。

2. 建築技術規則與能源管理法之建築外殼能量評估指標（ENVLOAD）

主要為外殼節能設計的意思，依據「能源管理法」17、18 條及建築技術規則 45-1～3 條規定（表 17.2），建築物新建部分，凡地面以上樓層總樓地板面積在 4000 m² 以上者，混合其他用途者，依面積比率計算。需依據辦公室、百貨商場、觀光旅館、醫院等分類計算建築物外殼耗能量。且非同質性用途有不同之外殼耗能量基準。辦公室為 110（kWh/m²-fl-area.yr）；百貨商場為 300（kWh/m²-fl-area.yr）；觀光旅館為 130（kWh/m²-fl-area.yr）及醫院建築 180（kWh/m²-fl-area.yr）等。

表 17.2 建築技術規則 45-1～3 條規定之建築物外殼耗能量基準

建築物用途	外殼耗能量基準
辦公廳	130（kWh/m²-fl-area.yr）
百貨商場	300（kWh/m²-fl-area.yr）
國際觀光旅館、觀光旅館	130（kWh/m²-fl-area.yr）

建築外殼能量評估指標（ENVLOAD）之外殼耗能量計算式為：

$$ENVLOAD = -20370 + (2.512 \cdot G) - (0.326 \cdot L \cdot DH)$$
$$+ 1.079 \cdot (\sum M_k \times IH_k)$$

其中，ENVLOAD＝建築物外殼耗能量（Wh/m²yr）

G：全年室內發熱量（Wh/m²yr）

L：外殼熱損失係數（W/m²°k）；是指不透光部分熱透損

DH：當地之「冷（暖）房度時」（°kh/yr）；是指與標準溫之溫差累計值

Mk：k 方位外殼面之日射取得係數（日射量）；是指玻璃透射部分熱透損

IHk：當地 k 方位之「冷房日射時」（Wh/m²yr）；是指外部遮陽面

k：方位參數

算式等號右側加減符號分隔之第三項表示不透光部分之熱損失；而第四項為日射透過部分之計算。

在綠建築評估系統中並含有住宿類及其他類兩種建築類項，並頒發有 ENVLOAD 之五等獎勵辦法，頒獎基準如表 17.3 所示在住宿類及其他類兩種建築類項中是以等價開窗率（Req，%）、屋頂平均熱傳透率（Uar，W/m²°k）及外牆平均熱傳透率（Uaw，W/m²°k）作為評估標準。底下，我們針對住宿類及其他類兩種建築類項之基準進一步給予說明：

Req＝(Σ 窗面積 Agi× 日射加權 fk× 遮陽修正 Ki× 通風修正 fvi) ÷ 外殼總面積 Aen < 基準值 0.16

表 17.3 綠建築評估系統中之 ENVLOAD 五等獎勵辦法之基準

建築類別	節能指標（平均值，標準差）	定性評估等級（x為指標計算值，%為理論比例）				
		特優	優良（15%）	普通（40%）	差（15%）	特差
辦公建築	ENVLOAD (95, 32)	x<=65	65<x<=80	80<x<=110	110<x<=125	125<x
百貨商場	ENVLOAD (273, 53)	x<=225	225<x<=250	250<x<=300	300<x<=325	325<x
旅館	ENVLOAD (107, 43)	x<=70	70<x<=90	90<x<=130	130<x<=150	150<x
醫院	ENVLOAD (165, 34)	x<=135	135<x<=150	150<x<=180	180<x<=195	195<x
住宿類	Req	x<=0.08	0.08<x<=0.12	0.12<x<=0.16	0.16<x<=0.2	0.2<x
	Uar	x<=1.0	1.0<x<=1.2	1.2<x<=1.5	1.5<x<=2.0	2.0<x
	Uaw	x<=1.5	1.5<x<=2.5	2.5<x<=3.5	3.5<x<=4.5	4.5<x
其他類	Uar	x<=1.0	1.0<x<=1.2	1.2<x<=1.5	1.5<x<=2.0	2.0<x

註：ENVLOAD 五等級評估的分級數，是以節能設計基準的分距整數間隔來調整，並非嚴謹的統計值。

屋頂不透光部位平均熱傳透率 Uar < 基準值 1.5 W/m²K

外牆不透光部位平均熱傳透率 Uaw < 基準值 3.5 W/m²K

其中，Req：等價開窗率（%）是指建築物「各方位」外殼之透光部位，
　　　　　經標準化日射、遮陽及通風修正計算後之開窗面積，對
　　　　　建築外殼總面積之比值

　　　　Uar：屋頂平均熱傳透率（W/m²K）

　　　　Uaw：外牆平均熱傳透率（W/m²K）

　　　　Aen：集合住宅外殼總面積（m²）

　　　　fk：k 方位日射修正係數

　　　　fvi：通風修正係數

　　　　ki：外遮陽日射透過率修正係數

　　　　Agi：i 部位之外殼玻璃窗面積（m²）

　　其次，我們要補充 ENVLOAD 在臺灣使用上的幾個要點：

　　1. 若以辦公建築現行 ENVLOAD 而言以相同建築條件而言，在高雄所計算的 ENVLOAD 值約為在臺北的 1.8 倍。因此在南部的建築必須要有較小的開窗、較深的遮陽才能合格。

　　2. 考慮屋頂的遮陽能力時，水平天窗會使 ENVLOAD 值劇增，臺灣水平方位的日射量為南向的 2.78 倍。

　　3. 考慮屋頂的遮陽能力，屬不透明部分的外殼之節能特性主要與壁體的熱貫流率（U 值），即隔熱能力有關，它也承受來自日射的吸熱影響，因此增加隔熱性能與降低日射吸熱因子是其節能之道。

　　另外，在隔（斷）熱計畫上應注意之項目有：

　　1. 材料應考慮包括保溫、防熱、減濕效果。

2. 隔熱基本原則：

■ 應選擇 k 值小之材料，並避免產生熱橋作用。

■ 防止材料吸濕的不利影響。

■ 隔熱材置於熱源側較佳。

■ 空氣層最好為 5 cm，大於 5 cm 時，需加入抗幅射材，並加以氣密。

3. 斷（絕）熱材種類：

■ 抗傳導型（k 值小，d 值大）。

■ 抗熱對流（表面光滑，不透光，反射率大）。

■ 抗輻射型（空氣層中加鋁箔等）。

■ 複合型。

4. 空氣層斷（絕）熱設計方法：

■ 空氣層具有熱阻大之特性，故對於斷熱效果甚佳。

■ 空氣層厚度若大於 5 cm 以上時，其斷熱效果並未顯著增加，因此若能將空氣層分成數層（每層約 5 cm），中間再以抗輻射材料（如鋁箔）分隔，則其斷熱效果可大為提高。

■ 空氣層若密閉性不佳時，則會降低其斷熱效果。

■ 空氣層兩側之材料應以輻射率小者為佳，以降低輻射熱量。

5. 優秀的斷（絕）熱材種類有哪些？大致上，材料熱傳導係數 k 值介於 0.04～0.1 kcal/mh℃之間者均稱得上優秀的斷（絕）熱材，依其形式區分則有下列八種：

■ 有機質纖維板：如塑合板或甘蔗板，無防火性能。

■ 無機質纖維板：如玻璃纖維及樹脂，具防火性能且為不燃材料。

■ 木絲水泥板：不燃性，但因會吸濕，故濕度高之場所較不適用。

- 軟木板：主要係用於冷藏庫之保冷材料，較不適用於建築上之隔熱使用。

- 有機樹脂發泡材：其有質輕，隔熱性能佳之優點，只適用於溫度 80℃以下。

- 無機質發泡材：在混凝土中填加發泡劑，如泡沫混凝土等，透水及吸濕性大。

- 輕質骨材混凝土：係將膨脹頁岩、黏土經加熱製造而成，一般多作為骨材使用。

- 奈米隔熱材：加在溶劑中之二氧化矽，在高溫高壓下蒸發，得到二氧化矽之珠狀結合，為充滿空氣、直徑為 2～50 nm 的微孔，由於不會引起空氣對流，隔熱性高（比玻璃纖維高十倍）之外，遮音性及衝擊吸收性也佳。

6. 斷（絕）熱結構之優質的中空部填充材：

- 玻璃纖維：由玻璃纖維及石炭酸樹脂加工而成板狀，為最常用之不燃性隔熱材，但其因不具有防濕之能力且易於結露，故必須設置適當之防潮層。其 k 值約介於 0.035～0.050 kcal/mh℃之間，最高使用之溫度可達 300℃。

- 岩棉：其製造方法與玻璃纖維相似，其 k 值約介於 0.06～0.14 kcal/mh℃之間。

- 粒狀材料：如木屑、軟木粒等材料。

- 發泡狀材料：如發泡合成樹脂、泡沫混凝土等材料。

7. 最後我們提供建築用隔熱材料之環保標章規格標準如下：

- 建築用的隔熱材料，熱傳導係數 k 值需在 0.038 kcal/m²h℃以下。

- 產品及製程中不得使用蒙特婁議定書之管制物質（如氟氯碳化

物爲第一類，CFCs）。

■ 不得含有環保署公告之毒性化學物質（如甲苯、二甲苯及乙苯等）。

■ 標章使用者的名稱及住址需清楚記載於產品或包裝上。標章使用者若非製造者，製造者的名稱及住址需一併記載於產品或包裝上。

■ 產品或包裝上需標示「節省能源」。

如 HOSFOAM 是以聚苯乙烯（PS）爲原料，採一貫作業壓出成型的高密度硬板，其特有獨立的密閉式氣泡結構，具有傳統低密度保麗龍（EPS）所沒有的低導熱性、高抗壓性及低吸水性，常用於屋頂隔熱材之產品。

演練

計算題

17-1　試論述以下名詞之內容。

　　1. 總熱透值（overall thermal transmission value, OTTO）

　　2. 建築物外殼耗能量（ENVLOAD）

　　3. 室溫變動率

選擇題

17-2　（　）有關 ENVLOAD 的敘述，下列何者錯誤？　(A)ENVLOAD 可以預測建築物的全年耗能量　(B)ENVLOAD 評估僅適用於空調型的建築物　(C) 合蓋兩種以上空調使用

時段的建築物，需以加權平均方式計算　(D) ENVLOAD 不能評估暖房全年空調負荷量。　　　　　　（98 年）

17-3 （　） 下列何者不是辦公建築外殼耗能評估之參數？　(A) 開窗方位　(B) 窗簾遮蔽性　(C) 屋頂面積　(D) 開窗面積。

（101 年）

17-4 （　） 下列何種設計手法不是「CO_2 減量指標」與「廢棄物減量指標」共同的計算優惠？　(A) 建築物輕量化　(B) 使用再生建材　(C) 建築物耐久性　(D) 舊建築再利用。

（101 年）

17-5 （　） 關於等價開窗（Req）的敘述，下何者錯誤？　(A)Req 在高雄可容許的實際開窗小於臺北　(B) 愈高層的開窗，其通風修正係數會愈小　(C)Req 是用來評估住宿建築物的材料隔熱性能　(D) 用遮陽板設計可以改善開窗面積的限制。　　　　　　　　　　　　　　　　　　（101 年）

17-6 （　） 下列何種熱負荷，不屬於建築外殼熱負荷？　(A) 玻璃輻射熱　(B) 間隙風傳透熱　(C) 引入之新鮮外氣熱負荷　(D) 壁體傳透熱。　　　　　　　　　　　　　（102 年）

17-7 （　） 在臺灣，有關建築外殼節能設計的敘述，下列何者錯誤？　(A) 狹長型建築對外殼斷熱的要求，比量體厚實的大型建築為低　(B) 開窗愈大則愈不利建築節能　(C) 水平天窗夏季會引來太陽熱輻射　(D) 百葉內遮陽的節能效果遠不如外遮陽。　　　　　　　　　　　　　（102 年）

17-8 （　） 我國建築之冷房度時（cooling degree hour）累算值，是以何溫度作為基準？　(A) 18℃　(B) 23℃　(C) 28℃

(D) 32℃ 　　　　　　　　　　　　　　　　　（103 年）

17-9 （　） 外周區為受到外殼熱流進出影響之外圍空間區域，針對外
　　　　 周區範圍認定，下列敘述何者錯誤？　(A) 由外牆中心線
　　　　 起算 5 m 內之空調外周區域　(B) 臨接外氣之屋頂層，包
　　　　 括機械室、樓梯間、屋頂突出物等所占之屋頂面積皆予以
　　　　 納入　(C) 指上方有天窗、頂棚之中庭，該中庭樓地板面
　　　　 積計入外周區　(D) 緊接鄰棟建築物或使用共同壁時，該
　　　　 部位樓地板面積不計入外周區。　　　　　　　（103 年）

17-10 （　） 以 ENVLOAD 進行建築外殼節能評估時，下列哪項外殼
　　　　 設計因子對空調負荷之影響最大？　(A) 建築方位　(B)
　　　　 窗面遮陽　(C) 外殼保溫　(D) 開窗率。

17-11 （　） 以下有關 ENVLOAD 之敘述何者錯誤？　(A) 高雄的辦公
　　　　 建築現行 ENVLOAD 約為臺北的 1.8 倍　(B) 南部的建築
　　　　 必須要有較小的開窗、較深的遮陽才能合格　(C) 屋頂的
　　　　 遮陽能力屬不透明部分的外殼之節能特性，主要與壁體的
　　　　 熱傳透率有關　(D) 空氣層隔熱最好為 15 cm。

17-12 （　） 建築物外殼耗能量（ENVLOAD）之敘述何者錯誤？　(A)
　　　　 它是目前國內現行綠建築標章的外殼熱透損計算原理
　　　　 (B) 考慮遮陽，將各方位之開口部熱透射值乘上建築物遮
　　　　 陽係數　(C) 水平天窗不會使 ENVLOAD 值遽增　(D) 考
　　　　 慮建築外殼材料之熱透值，乘上當地溫差平均。

17-13 （　） 建築物外殼耗能量計算相關議題以下何者錯誤？　(A) 總
　　　　 熱透值 OTTV 是早期討論建築外殼熱透損之方式　(B)
　　　　 OTTV 考慮透光材料以傳導與輻射考慮　(C) 建築物外殼

耗能量（ENVLOAD）計算含材料熱透值乘上當地溫差平均　(D) 建築物外殼耗能量（ENVLOAD）計算只考慮西向方位之開口部熱透射。

第十八章　透濕理論

18.1 濕流分析

　　材料內之濕氣係由水蒸氣壓（mmHg）高處往水蒸氣壓低處流動，穩定透濕（moisture permeability）之計算其理論均與熱傳之行為相同，因此可將熱傳之計算方式導入透濕而來計算之，其計算法則如下式：

$$W = \frac{f_1 - f_2}{R'} A = U'(f_1 - f_2)A \text{（g/h）}$$

$$R' = \frac{1}{h'_1} + \sum r' + \sum r'_a + \frac{1}{h'_2} \text{（m}^2\text{h mmHg/g）}$$

$$U' = \frac{1}{R'} \text{（g/m}^2\text{hmmHg）}$$

W：濕流，又稱為透濕量（g/h）

f_1：高壓側之水蒸氣壓（mmHg）

f_2：低壓側之水蒸氣壓（mmHg）

R'：總濕阻，又稱為透濕抵抗（m^{2}h mmHg/g）

U'：濕傳透係數，又稱為透濕係數（g/m^{2}h mmHg）

A：壁表面積（m^2）

h'_1：室外之濕傳遞係數（g/m^{2}h mmHg）

h'_2：室內之濕傳遞係（g/m^{2}h mmHg）

r'：d/k' = 濕阻（m^{2}h mmHg/g）

$r'a$：空氣層之濕阻（m^{2}h mmHg/g）

k'：材料之濕傳係數（g/m^{2}h mmHg）

d：材料厚度（m）

　　濕傳在中空部分的濕傳遞係數因為重力因素，大小可依據境界層於結構部位差異而有很大差距。如表 18.1 所示，室內側垂直部位（外牆）之水平濕流為最大，而位於天花部位之上下濕流約為前者的四分之一左右。

表 18.1　濕傳在中空部分的濕傳遞係數因為重力因素，大小可依據境界層於結構部位差異而有很大差距

位置	方向	條件	h'
室內側	垂直面	水平濕流	93.1
	垂直面	v = 0.3 m/sec	16.7
	水平面	上向濕流	20.0
	水平面	下向濕流	14.0
室外側	垂直面	v = 3 m/sec	50.0

　　在材料的濕阻（濕抵抗）部分，材料因緻密程度與抗水特性而有差異，表 18.2 中列舉常用之建築材料之濕阻大小供設計參考。

表 18.2　常用建材之濕阻大小

材料名稱	說明	厚（mm）	r' 值
鋁箔		0.1	208.33～172.41
硬質橡膠		1	83333
防水用纖維素		1	500
纖維素乙酸酯		1	250
油毛氈	20 kg	0.7	4.65
水泥粉刷		12.7	1.51～1.37
		25.4	1.7
		34	2.74
	木板條底	19	3.31

材料名稱	說明	厚（mm）	r' 值
鋸木屑	面塗油漆 2 道	19	2.39〜17.24
		51	1.16
混凝土	132〜176 kg/m³	100	1.75〜2.04
	1：2：4	100	44.84
灰漿		38	22.22
		20	2.86
		10	1.63
	1：3	10	3.03(2.5)
	1：2	10	6.33
混凝土空心磚	輕質	200	54.35
	重質	200	57.47
紅磚牆		100	33.33
紙	硫酸紙	0.06	0.48
	桐油紙	0.14	0.38
	吸墨紙	0.5	2.70
玻璃紙		0.1	3.13〜1.92
	普通品		0.130〜0.106
	防濕用		20.83
石棉板		3.0	2.44
		6.0	2.94
石膏灰板		6.0	2.32〜1.72
		8.0	2.70
		9.5	2.08
木纖維板		12.0	4.55
	斷熱用	12.7	1.22
		25.4	2.00
		12.7	0.73〜0.40
軟木板		10.0	12.8
		25.0	15.6〜13.7
岩棉	200 kg/m³	25〜50	0.38〜0.76
	300 kg/m³	25〜50	0.35〜0.81

【例題 1】

如下圖所示，牆體各層溫度與水蒸氣壓分布，請檢討有無內部結露？其中室內、外空氣溫、濕度分別為 $\theta_i = 20°C$、$RH_i = 60\%$，$\theta_o = 0°C$、$RH_o = 80\%$。

解：由空氣線圖求取各部分飽和水蒸氣壓及其溫度不變時的水蒸氣分壓如下：

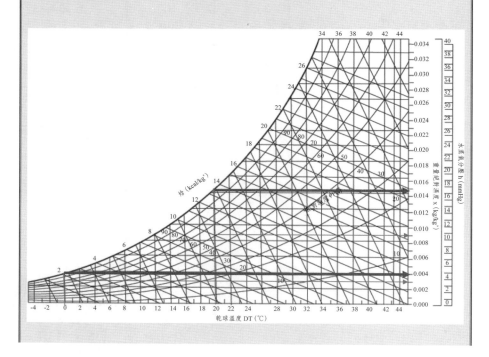

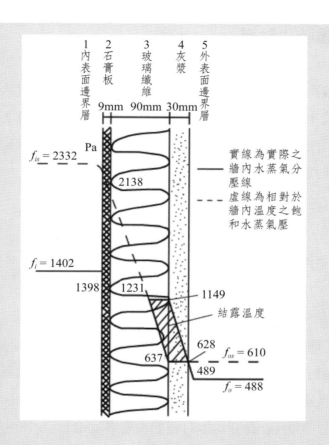

（mmHg = 133.3 Pa）

$f_i = 10.52 \text{ mmHg} = 1402 \text{ Pa}$

$f_o = 3.66 \text{ mmHg} = 488 \text{ Pa}$

圖中直線部分表示水蒸氣壓的變化，斜線部分水蒸氣壓大於牆內飽和水蒸氣壓，故為結露區。

18.2 結露防止計畫

■ 若壁表面溫度低於室內之露點溫度時，壁表面之水蒸氣則凝結形成水滴而結露，此謂之「表面結露」。若構造體之中空層部分因水蒸氣壓達和飽和狀態時之結露，則稱爲「內部結露」。

■ 爲達到防止結露之目的，必須控制結構體溫度達成：

$$\begin{cases} \theta_S > DPT \\ f < F \end{cases}$$

其中，θ_S 室內壁表面溫度（℃）

　　DPT：露點溫度（℃）

　　f：構造體內部之水蒸氣壓（mmHg）

　　F：構造體內部之飽和水蒸氣壓（mmHg）

如圖 18.1，圖中表示建築物角隅部分之壁表溫度，由圖中可知，愈接近角隅部分之壁表溫度愈低，此處極易發生熱橋作用。

底下我們整理出防止結露計畫的重要事項如下：

(1) 利用通風換氣將室內水蒸氣予以排除。

(2) 利用加熱方式防止壁面溫度之降低。

(3) 壁面內部或屋頂處設置防濕層或防潮層（coating），以制止濕氣之入侵。（如結構性防水）

(4) 角隅部分應加設防濕層，並應採用重疊接合方式處理。

(5) 選用厚度薄且透濕抵抗大之材料，來作爲防濕材料之使用。

(6) 材料應能具有調濕之功能，如室內濕度高時則吸濕，室內濕度低時則放濕，如此則可達到調節室內氣候之作用（如益康矽藻土、木、竹等）。

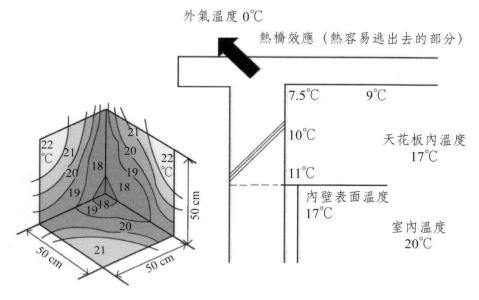

外氣溫度 0℃

熱橋效應（熱容易逃出去的部分）

7.5℃　　　9℃

10℃

天花板內溫度
17℃

11℃

內壁表面溫度
17℃

室內溫度
20℃

22℃　21　　20　22℃

21　20　18　19

20　18

19　18

19 18

20

21

50 cm

50 cm

50 cm

圖 18.1　建築物角隅部分之壁表溫度圖

18.3 結構性防水

最近被津津樂道的結構性防水施工方式在此補充其內容。何為結構性防水？簡單解釋就是由於材料開發結果，可將防水材料（reinforcement coating）施作於原結構體表面，外層再加上面層，即將防水層加入於結構中，兼具結構補強功能。比傳統的粉刷材料在抗壓、抗裂部分堅固許多。分析結構滲漏主要原因多數屬建造時未落實施工品質而導致。

因此，結構性防水施作原因可以有：

■ 原結構抗壓強度高於粉刷層。

■ 原結構抗裂係數大於粉刷層。

■ 原結構表面不會鼓起、剝離。

■ 防水層施作在原結構上容易維修。

那麼，哪些地方需要結構性防水呢？游泳池、蓄水池、屋頂裂縫、女兒牆角隅、浴室角隅、灌漿時加水過量產生浮灰結構起砂、二次澆灌接縫、灌漿時骨料分離產生蜂巢及地下室滲漏等。

除結構性防水工法外，近年防潮材料急速開發，目前全球防水材料約有一千種之多，但經分析歸納，可分為油性材質及水性材質兩大系統。或分為六大類如下：

(1) 瀝青系列：分為溶劑型及乳膠型，有乳化瀝青及橡化瀝青、丁基橡膠、硫化橡膠等。

(2) 高分子樹脂聚合膠系列：高分子樹脂聚合膠有 SBR，PVC，PVAC，EVA，ACRYLIC，MMA 等。

(3) 環氧樹脂系列：環氧樹脂有 Tar EPOXY，E-PU，EPOXY。

(4) PU 系列：PU 有分為球場用、球場 PU 用可曝曬及一般用 PU。

(5) 皂土系列：皂土一般是屬於預埋型防水使用較多，有片狀及條狀。

(6) 水泥添加劑系列：水泥添加劑的種類也相當多，樹脂水泥、複合式膠泥、氯化鈣（俗稱急結劑）、金屬性有氧化鋁粉、氧化鐵粉、氧化鐵化樹脂、膨脹水泥，這些材料都是用於反水壓止水材。

上述材料為目前較被廣泛使用，各有優缺點，但其中以瀝青系列和 ACRYLIC 的耐候性及耐水性最佳。瀝青、EPOXY.、PU 系列，長時間在水中耐水性問題就必須考慮。耐水性問題並非指材料本身不耐水，而是接著面的膠著性容易出問題，容易產生脫膠。

演練

計算題

18-1 試論述結構性防水之內容。

選擇題

18-2 ( ) 下列有關建築物室內熱環境之敘述何者錯誤？　(A) 構造體因室內外溫度差 1℃時所吸放之熱量除以室內空氣及構造體每天增減之熱量稱室溫變動率　(B) 結構性防水是將防水材料施作於原結構體上　(C) 空氣層具有熱阻大之特性，故對於斷熱具有良好效果　(D) 空氣層兩側之材料應以輻射率小者為佳，以降低輻射熱量。

18-3 ( ) 關於「傳熱」之敘述，下列何者正確？　(A) 隔熱材即使有水分入侵，其隔熱性能不變　(B) 空氣層之隔熱效果與氣密性無關　(C) 雙重玻璃窗之玻璃間隔愈大，則防寒效果愈有效　(D) 外牆角隅部位之熱傳透率比其他部位大。

（97 年）

附錄 各章節演練題解答

計算與問答題

第二章

2-1.

(1) 光度：

$I = 500 \cdot (3200/1000) = 1600$ cd

(2) 照度：

$E = I/r^2 = 1600/22 = 400$ lux

2-2.

(1) $I = 150 \cdot (3200/1000) = 480$ cd

(2) $Eh = (I / r^2) \cdot \cos\theta = (480/8) \cdot \cos45° = 31.5$ lux

2-3.

$F = \pi^2 I \cdot L$

$I = F /(\pi^2 L) = (3600 \text{ lm})/(\pi^2 \cdot 1.2) \approx 304.26$（cd / m）

$Ev = Kn \cdot hI / l^2,$

$L_3 / l_3 = 0.6 / 5 = 0.12,$

$\quad\quad Kn \approx 0.11,$

$Ev = 2(0.11)(3 \cdot 304.26 / 25) \cong 8.03$ lux

第三章

3-1.

$RI = (12 \times 9)/(12 + 9)(4.5 - 0.5) = 1.286$

查表得天花板 0.7，牆面 0.5，地面 0.1 之照明率介於

RI = 1.25, 1.50 之間

利用內差法 (1.5 − 1.286)/(1.5 − 1.25) = (0.63 − U)/(0.63 − 0.59)

$$U = 0.596$$

平均照度為 E = FNUM/A

$$= (2000*2*16*0.596*0.7)/(12*9) = 247.2 \text{ lx}$$

第五章

5-1.

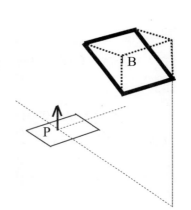

$$A : d_1 = 4, h_1 = 4, b_1 = 3 \Rightarrow \frac{h_1}{d_1} = 1.0, \frac{b_1}{d_1} = 0.75$$

$$d_2 = 4, h_2 = 2, b_2 = 3 \Rightarrow \frac{h_2}{d_2} = 0.5, \frac{b_2}{d_2} = 0.75$$

$$U_A \cong 4.5 - 1.9 = 2.6\%$$

$$B_T : d_1 = 4, h_1 = 4, b_1 = 2 \Rightarrow \frac{h_1}{d_1} = 1.0, \frac{b_1}{d_1} = 0.5$$

$$d_2 = 4, h_2 = 2, b_2 = 2 \Rightarrow \frac{h_2}{d_2} = 0.5, \frac{b_2}{d_2} = 0.5$$

$$U_{BT} \cong 3.5 - 1.5 = 2.0\%$$

$$B_H : d_1 = 4, h_1 = 4, b_1 = 2 \Rightarrow \frac{h_1}{d_1} = 1.0, \frac{b_1}{d_1} = 0.5$$

$$d_2 = 4, h_2 = 3, b_2 = 2 \Rightarrow \frac{h_2}{d_2} = 0.75, \frac{b_2}{d_2} = 0.5$$

$$U_{BH} \approx 9.0 - 7.7 = 1.3\%$$

$$U_B = U_{BT} + U_{BH} = 2.0 + 1.3 = 3.3\%$$

$$\therefore U_B > U_A$$

第六章

6-1.

$$\phi = 24°, \delta = -23.5°, t = (15 - 12) \cdot 15° = 45°$$

$$\sinh = \sin\delta\sin\phi + \cos\delta\cos\phi\cos t$$
$$= -\sin(23.5)\sin(24) + \cos(-23.5)\cos(24)\cos(45)$$
$$= -0.399\cdot 0.407 + 0.917\cdot 0.914\cdot 0.707 = 0.431$$
$$\Rightarrow h = \sin^{-1}(0.431) \Rightarrow h \cong 25.53°$$
$$\sin A = \frac{\cos\delta\sin t}{\cosh}(0° < h < 90°, -180° < A < 180°)$$
$$= \frac{\cos(-23.5)\sin(45)}{\cos(16.15)} = \frac{0.917\cdot 0.707}{0.961} = 0.247$$
$$\Rightarrow A = \sin^{-1}(0.675) \Rightarrow A \cong 42.48°$$

第七章

7-1.

2.8H = 84 m > 45* $\sqrt{2}$ = 63.63 m，故日出 45 分鐘後陰影即遮蔽 A 點，一直至中午時刻過後才能脫離陰影，時間共為 45 分 +4 時，共約 4 時 45 分。

第八章

8-1.

$\alpha = 30°$, $A = -60°$, $\gamma = 30°$,

$2.0 = d_h\tan45° \cdot \sec30°$, $d_h = 1.73$ m

8-2.

由於窗口朝正南方向故 $a = 0$, $g = A$

$1.6 = dh\tan60° \cdot \sec45° = dh$ (sin60°/cos60°) · (1/cos45°)

$dh \cdot 1.732 \cdot 1.414 = 1.6 \rightarrow dh = 0.653$ m

第九章

9-1.

$$I = \frac{W}{4\pi r^2} = \frac{200}{4\pi(30)^2} = 1.77 \times 10^{-2} \ \text{W/m}^2$$

$$P = \sqrt{\rho c I} = (1.23 \ \text{kg/m}^3 \times 340 \ \text{m/s} \times 1.77 \times 10^{-2} \ \text{W/m}^2)^{1/2}$$

$$= \sqrt{7.4} \ \text{Pa} = 3.33 \ \text{Pa}$$

$$L_p = 20\log\left(\frac{3.33}{2 \times 10^{-5}}\right) = 20(\log 3.33 - \log 2 - \log 10^{-5})$$

$$= 20(0.52 - 0.3 - (-5)) \cong 104.4 \ \text{dB}$$

9-2.

$$L_{PT} = 10\log(10^{\frac{78}{10}} + 10^{\frac{80}{10}} + 10^{\frac{86}{10}} + 10^{\frac{90}{10}})$$

$$= 10\log(1.5612 \times 10^9)$$

$$= 10\log(1.5612) + 10 \times 9$$

$$\cong 91.93 \ \text{dB}$$

9-3.

$$L = 2^{(LL-40)/10}$$

$$L = 2^{(40-40)/10} = 1sone$$

$$L = 2^{(50-40)/10} = 2sone$$

9-4.

$$L = 2^{(LL-40)/10}$$

$$L = 2^{(40-40)/10} = 1sone$$

$$L = 2^{(50-40)/10} = 2sone$$

第十一章

11-1.

$$L_A = L_w - TL - 10\log\left(\frac{A}{S}\right) + 10\log\left(\frac{1}{2\pi r^2}\right)$$
$$= 78 - 15 - 10\log\left(\frac{150}{20}\right) + 10\log\left(\frac{1}{2\pi \cdot 16^2}\right)$$
$$= 63 - 8.75 + 10 \cdot (-3.2) = 22.3 \text{ dB}$$

11-2.

$$L_p = L_w + 10\log\left(\frac{Q}{4\pi r^2} + \frac{4}{R}\right) \text{（dB）}$$
$$R = \frac{S\bar{\alpha}}{1 - \bar{\alpha}} = \frac{750 \cdot 0.18}{1 - 0.18} \approx 164.63$$
$$L_p = 89 + 10\log\left(\frac{2}{4\pi(30)^2} + \frac{4}{164.63}\right)$$
$$= 89 + 10\log(0.000177 + 0.024297)$$
$$= 89 + (-16.11) \approx 72.8870 \text{ dB}$$

第十二章

12-1.

(1)揚聲器的側向高音放射（side rope）現象；

　　使高頻音易放射於講臺位置，導致高頻部分產生迴授。

(2)麥克風相對於人聲與揚聲器之聲壓差；

　　前項麥克風相對於人聲之聲壓差需大於後者 6 分貝，作爲不產生

　　迴授之安全設計範圍。

(3)建築音響特性。

　　防止迴授（howling）現象可增加室內之吸音使混響（殘響）縮減。

第十三章

13-1.

1. 陸性率（continentality）

   指陸地某點離海洋遠近關係，即所能獲得到海洋濕潤之因素之一，也是沙漠形成難易指數之一。

2. 日較差（daily range）

   一天當中最高溫度與最低溫度之差距。

3. 露點溫度（dew point temperature）

   溫度愈低其所含之飽和水蒸氣量亦愈低，因此若某空氣其溫度降低至某一溫度時，則可形成飽和狀態，若溫度持續降低則多餘之水氣量則轉化成水或冰，此謂之結露現象（vapor condensation），其達到飽和時之溫度則謂之露點溫度。

13-2.

空氣線圖中乾、濕球溫得到熱焓由 17.7 降至 14.2 kcal/kg'。室容積為 200m³，乾空氣總重為 1.185 kg/m³×200 m³ = 237 kg'。因此溫度欲下降總排熱量為 (17.7 − 14.2) kcal/kg'×237 kg' = 829.5 kcal

第十四章

14-1.

$10 * 50 = 500 \text{ m}^3$

$$Q = \frac{Cr}{Ca - Co} \ (\text{m}^3/\text{h}) = \frac{0.02 \times 5}{Ca - 0.0004} = 500 \text{ m}^3/\text{h}$$

$Ca \cong 0.0008 = 0.08\% = 800 \text{ ppm}$

14-2.

1. 新有效溫度（ET*）

因人體之舒適濕度爲 40～60%，補足有效溫度以 RH = 100% 爲標準之錯誤；並取空氣線圖上 RH = 50% 之 DT 來表示。

2. 作用溫度（operative temp., OT）

加入幅射，冬季周壁溫低，或夏季玻璃吸熱等時候替代新有效溫度。以球溫度計求平均輻射溫度（MRT），再與室溫平均得到作用溫度。

第十五章

15-1.

$$\rho = \frac{353.25}{T_i} \ (\text{kg} / \text{m}^3) \ , \ T_i = t_i + 273.5$$

$$\rho_0 = \frac{353.25}{16 + 273.5} = 1.22, \rho_i = 1.17$$

$$\because p_2 = 9.8(1.22 - 1.17)(2 - 3)$$

$$\therefore p_2 = -0.49 \ (\text{pa})$$

15-2.

$$A = \frac{1}{\sqrt{\left\{\dfrac{1}{A_1 + A_2}\right\}^2 + \left\{\dfrac{1}{A_3}\right\}^2}} = \frac{1}{\sqrt{\left\{\dfrac{1}{5 + 5}\right\}^2 + \left\{\dfrac{1}{10}\right\}^2}}$$

$$= \sqrt{50} = 7.07$$

$$A' = \frac{1}{\sqrt{\left\{\dfrac{1}{A_1 + A_2 * 2}\right\}^2 + \left\{\dfrac{1}{A_3}\right\}^2}} = \frac{1}{\sqrt{\left\{\dfrac{1}{5 + 10}\right\}^2 + \left\{\dfrac{1}{10}\right\}^2}}$$

$$= \sqrt{\frac{90}{13}} = 2.63$$

$$\frac{2.63}{7.07} \cong 0.37$$

第十六章

16-1.

$$r = \frac{d}{k} = 0.086 \quad \begin{pmatrix} d = 0.12 \\ k = 1.4 \end{pmatrix} \qquad \frac{R}{R_{si}} = \frac{(\theta_i - \theta_o)}{(\theta_i - \theta_{si})},$$

$$R = \frac{1}{15} + 0.086 + \frac{1}{10} = 0.253 \qquad \frac{0.253}{0.1} = \frac{25 - 10}{25 - \theta_{si}}$$

$$U = \frac{1}{R} \cong 3.95 \text{ kcal} / \text{m}^2\text{h}°\text{C} \qquad \therefore \theta_{si} = 19.07°\text{C}$$

第十七章

17-1.

1. 總熱透值（overall thermal transmission value, OTTO）

   早期討論建築外殼熱透損之方式

   (1) 考慮透熱性：透光者以傳導與輻射考慮；不透光者以傳導來考慮

   (2) 考慮遮陽係數：分為玻璃部分與外部遮陽裝置部分

2. 建築物外殼耗能量（ENVLOAD）

   目前現行綠建築標章的外殼熱透損計算原理

   意義大致含有兩大類：

   (1) 考慮建築外殼材料之熱透值乘上當地溫差平均

   (2) 考慮遮陽，將各方位之開口部熱透射值乘上建築物遮陽係數

3. 室溫變動率

   構造體因室內外溫度差 1°C 時所吸放之熱量，除以室內空氣及構造體每小時增減之熱量，室溫變動率小，對於隔熱保溫較有利。

第十八章

18-1.

將防水材料施作於原結構體上，外層加以施作面層，即將防水層製作
於結構上兼具有結構補強功能。比傳統粉刷在抗壓、抗裂部分堅固許
多。

選擇題

第二章									
2-4	2-5	2-6	2-7	2-8	2-9	2-10	2-11	2-12	
A	A	A	B	A	D	D	C	D	
第三章									
3-2	3-3	3-4	3-5						
D	A	A	D						
3-6	3-7	3-8	3-9	3-10	3-11	3-12	3-13	3-14	3-15
A	B	C	C	C	C	B	B	D	A
3-16	3-17	3-18	3-19	3-20	3-21	3-22			
D	C	B	C	B	D	C			
第四章									
4-1									
B									
第五章									
5-2	5-3	5-4	5-5	5-6					
D	C	B	B	C					
第六章									
6-2	6-3	6-4	6-5	6-6	6-7	6-8	6-9	6-10	6-11
C	C	A	C	D	D	B	A	C	B

6-12	6-13	6-14	6-15						
B	B	B	D						

第七章									
7-1	7-2								
C	D								

第九章									
9-5	9-6	9-7	9-8	9-9	9-10	9-11	9-12	9-13	9-14
B	D	B	D	C	D	A	A	B	C
9-15	9-16	9-17	9-18	9-19	9-20	9-21	9-22	9-23	
A	D	B	B	B	B	C	B	B	

第十章									
10-1	10-2	10-3	10-4	10-5	10-6	10-7	10-8	10-9	10-10
A	B	C	D	A	B	B	A	A	D
10-11	10-12	10-13	10-14	10-15	10-16				
C	B	D	C	B	B				

第十一章									
11-3	11-4	11-5	11-6	11-7	11-8	11-9	11-10	11-11	11-12
D	D	B	C	B	B	D	C	B	A
11-13	11-14	11-15	11-16	11-17					
C	D	C	B	A					

第十二章									
12-2	12-3	12-4	12-5	12-6	12-7	12-8	12-9	12-10	12-11
A	C	D	D	D	B	C	A	C	C
12-12									
A									

第十三章

13-3	13-4	13-5	13-6	13-7	13-8	13-9	13-10	13-11	13-12
D	D	A	A	A	C	B	C	B	C

13-13	13-14	13-15	13-16	13-17	13-18	13-19	13-20	13-21	13-22
C	B	D	C	D	D	C	B	D	A

13-23	13-24	13-25	13-26						
B	D	D	A						

第十四章

14-3	14-4	14-5	14-6	14-7	14-8	14-9	14-10	14-11	14-12
A	A	B	C	B	B	C	B	D	C

14-13	14-14	14-15	14-16	14-17	14-18	14-19	14-20	14-21	14-22
D	A	C	D	B	C	A	A	C	A

14-23									
C									

第十五章

15-3	15-4	15-5	15-6	15-7	15-8	15-9	15-10	15-11	15-12
D	D	B	C	B	C	B	D	D	A

15-13	15-14								
A	B								

第十六章

16-2	16-3	16-4	16-5	16-6	16-7	16-8	16-9	16-10	16-11
D	A	A	A	C	C	D	D	A	D

16-12	16-13	16-14	16-15	16-16	16-17	16-18	16-19	16-20	
C	A	D	A	D	A	C	A	C	

第十七章									
17-2	17-3	17-4	17-5	17-6	17-7	17-8	17-9	17-10	17-11
D	B	C	C	C	A	B	B	D	D
17-12	17-13								
C	D								
第十八章									
18-2	18-3								
A	D								

索 引

國家圖書館出版品預行編目資料

建築物理環境／陳炯堯著. ——初版.——臺
北市：五南，2018.01
　　面；　公分
ISBN 978-957-11-9527-8 (平裝)
1.建築物理學
441.31　　　　　　　　　106024177

5G42

建築物理環境

作　　　者 — 陳炯堯（247.9）

發 行 人 — 楊榮川

總 經 理 — 楊士清

主　　　編 — 王正華

責任編輯 — 金明芬

封面設計 — 姚孝慈

出 版 者 — 五南圖書出版股份有限公司

地　　　址：106台北市大安區和平東路二段339號4樓

電　　　話：(02)2705-5066　　傳　　真：(02)2706-6100

網　　　址：http://www.wunan.com.tw

電子郵件：wunan@wunan.com.tw

劃撥帳號：01068953

戶　　　名：五南圖書出版股份有限公司

法律顧問　林勝安律師事務所　林勝安律師

出版日期　2018年1月初版一刷

定　　　價　新臺幣420元